Владимир Кузнецов

Определение прямолинейной орбиты

Владимир Кузнецов

Определение прямолинейной орбиты

Задача двух тел

LAP LAMBERT Academic Publishing

Impressum / Выходные данные
Bibliografische Information der Deutschen Nationalbibliothek: Die Deutsche Nationalbibliothek verzeichnet diese Publikation in der Deutschen Nationalbibliografie; detaillierte bibliografische Daten sind im Internet über http://dnb.d-nb.de abrufbar.

Библиографическая информация, изданная Немецкой Национальной Библиотекой. Немецкая Национальная Библиотека включает данную публикацию в Немецкий Книжный Каталог; с подробными библиографическими данными можно ознакомиться в Интернете по адресу http://dnb.d-nb.de.

Coverbild / Изображение на обложке предоставлено: www.ingimage.com

Verlag / Издатель:
LAP LAMBERT Academic Publishing
ist ein Imprint der / является торговой маркой
OmniScriptum GmbH & Co. KG
Heinrich-Böcking-Str. 6-8, 66121 Saarbrücken, Deutschland / Германия
Email / электронная почта: info@lap-publishing.com

Herstellung: siehe letzte Seite /
Напечатано: см. последнюю страницу
ISBN: 978-3-659-28722-0

Предисловие

Целью настоящей книги является исследование прямолинейного движения в задаче двух тел, а в особенности определению прямолинейных предварительных орбит. Сейчас нет изданий, посвящённых целиком этой проблеме, к тому же в имеющихся учебниках и справочниках она освещена крайне скупо. Существующие алгоритмы определения орбит базируются на понятии *плоскости орбиты*, что для прямолинейного движения теряет смысл. Для восполнения информации по прямолинейным орбитам, а с практической точки зрения по орбитам к ним стремящимся и призвана служить данная книга.

Работа является продолжением исследований автора [1] и [2]. Книга разделена на пять глав. Первая глава посвящена введению в задачу двух тел и прямолинейному движению в её рамках. Вторая глава посвящена динамико-геометрическому методу, который, для определения прямолинейных орбит, можно считать аналогом метода Гаусса. Здесь показано его разделение на геометрическую часть, в которой производится определение прямой, и динамическую, когда определяется тип движения по ней. Рассматриваются орбиты, не лежащие в плоскости эклиптики. Третья глава посвящена методу Лапласа для определения прямолинейной орбиты, причём рассмотрение ограничивается не эклиптическими орбитами. Четвёртая глава посвящена динамическому методу для орбит, лежащих в плоскости эклиптики. В ней рассматриваются системы алгебраических и трансцендентных уравнений, необходимых для решения задачи. Производится оценка максимального числа возможных решений в зависимости от начальных данных. В пятой главе рассмотрен метод Лапласа для эклиптических орбит. Также исследуется вопрос о числе возможных решений. В конце работы дано заключение об итогах исследования и перспективах использования прямолинейных орбит в динамической астрономии. Большинство из предложенных методов определения орбит проиллюстрировано численными примерами, которые призваны облегчить их понимание и практическое применение.

Автор благодарен д. ф.–м. н. В. А. Шору за ценные советы и замечания по данной работе и Д. А. Рыжковой за помощь при подготовке рукописи к печати.

Глава 1. Введение в теорию прямолинейного движения

Прямолинейные орбиты исторически относятся к самым экзотическим случаям и начинают рассматриваться на рубеже XVI и XVII веков, когда Тихо Браге была доказана значительная удалённость комет от Земли. Тихо Браге, Галилео Галилей и Иоганн Кеплер [3] считали, что кометы движутся равномерно по прямолинейным орбитам. Эта гипотеза продержалась до Ньютона, когда была доказана эллиптичность орбиты кометы Галлея и параболичность орбит непериодических комет. Исаак Ньютон посвятил прямолинейному движению отдел VII, книги I «Математических начал…» [4]. Он исследовал прямолинейные орбиты как предельные случаи эллиптического, параболического и гиперболического движений, с точки зрения геометрии. Так же в виде геометрических соотношений оценивается время, необходимое для падения в центр притяжения, причём скорости оцениваются через скорости на соответствующих круговых орбитах. После этого изучение прямолинейного движения надолго уходит в тень, и за редким исключением этот тип движения почти нигде не упоминается. Монографию Ламберта [5] можно считать первой публикацией по данному вопросу в современном его понимании. В отличие от Ньютона, он использует не только геометрические построения, но и более привычные сейчас математические формулы. Изучая параболическое движение комет, он рассматривает орбиту, полупараметр которой стремится к нулю. Такая парабола вырождается в прямую линию, по которой комета должна падать на Солнце. Ламберт называет такое движение «*lapsus parabolicus*» (§ 98), что можно перевести как «параболическое падение». Аналогичным образом он рассматривает «*lapsus ellipticus*» и «*lapsus hyperbolicus*». Для них Ламберт решает задачу о вычислении времени падения тел на Солнце с орбит различных планет (см. § 2.6 настоящей работы). Он выводит теорему Эйлера для прямолинейной параболы (см. § 1.14) и теорему Ламберта для прямолинейных орбит вообще (см. § 2.11). В середине XIX века исследования Ламберта продолжил Леман [6], который в рамках программы по моделированию таблиц для уравнения Кеплера во всевозможных вариациях, занимался, в том числе, и положениями тел на прямолинейных орбитах, а также интервалами времени, необходимыми для перехода между ними. Уже в XX веке о прямолинейном движении вспоминает Карл Зундман на заседании немецкого астрономического общества в 1935 г. [7]: «Что касается определения прямолинейных орбит, то эта проблема не привлекает почти никакого внимания, хотя такие орбиты могут представлять теоретический интерес. Иоганн Ламберт уже 1761 г. в своём трактате «Insigniores orbitae cometarum proprietates» исследует такие орбиты, причём рассматривает отдельно эллиптический, гиперболический и параболический случаи. Динамика показывает, что использование методов Гаусса и Ольберса может привести к получению решений. Необходимо определить четыре элемента орбиты, для чего требуется только два полных наблюдения, и как показано при обсуждении двух методов, задача является чрезвычайно простой». В последовавшей за этим статье Зундман [8] пытается привлечь внимание к прямолинейным орбитам. Позднее описание определения прямолинейной орбиты по методу Гаусса встречается в статье Буцериуса [9]. Этот вопрос рассматривается в третьей главе настоящей работы. С развитием ракетной техники на прямолинейные орбиты вновь обращают внимание. Теория прямолинейного движения была рассмотрена в книге Штумпфа [10], в которой обсуждается ряд вопросов, изложенных во второй главе настоящей работы. На русском языке этому типу движения было уделено внимание в монографиях Эльясберга [11], Субботина [12] и Дубошина [13].

§ 1.1. Задача двух тел

Задача Кеплера (или задача двух тел) рассматривает невозмущённое движение двух тел под действием их взаимного притяжения. В дальнейшем мы будем рассматривать движение тел относительно Солнца (в случае не гелиоцентрического движения нужно заменить Солнце соответствующим центром притяжения). Введём для них следующие обозначения: M_s — масса тела S (например, Солнца) и m_p — масса объекта наблюдения P (например, кометы или астероида). Теперь рассмотрим движение тела P относительно притягивающего центра S, т. е. движение объекта вокруг Солнца. За начало отсчёта примем центр инерциальной системы координат. Следовательно, наш объект будет двигаться относительно начала координат, его положение обозначим вектором $\mathbf{r}$. Тогда уравнение движения P относительно S примет вид

$$\frac{d^2\mathbf{r}}{dt^2} = -\frac{k^2(M_S + m_P)}{r^3}\mathbf{r}, \qquad (1.1.1)$$

где $k = 0.01720209895$ — постоянная Гаусса [1].

Далее примем $M_S = 1$, а m_p выразим в долях солнечной массы и обозначим через m. Тогда уравнение (1.1.1) примет вид

$$\frac{d^2\mathbf{r}}{dt^2} = -\frac{k^2(1+m)}{r^3}\mathbf{r}. \qquad (1.1.2)$$

Если обозначить $\mu^* = k^2(1+m)$, тогда (1.1.2) примет вид

$$\frac{d^2\mathbf{r}}{dt^2} = -\frac{\mu^*}{r^3}\mathbf{r}. \qquad (1.1.3)$$

Уравнение (1.1.3) является основным в задаче двух тел.

§ 1.2. Ограниченная задача двух тел

Во всех возможных вариантах задачи двух тел для Солнечной системы $M_S >> m_p$ или $m << 1$. В таком случае можно пренебречь ускорением, которое тело P сообщает телу S. Это называется ограниченной задачей двух тел [14]. За начало системы координат примем центр Солнца и уравнение (1.1.3) запишем как

$$\frac{d^2\mathbf{r}}{dt^2} = -\frac{\mu}{r^3}\mathbf{r}, \qquad (1.2.1)$$

где $\mu = \mathrm{k}^2$.

§ 1.3. Первые интегралы задачи двух тел

Движение тела относительно Солнца описывается уравнением (1.2.1), которое представляет собой систему дифференциальных уравнений шестого порядка. Её общий интеграл представляет собой совокупность шести первых интегралов, независимых между собой. Сначала мы рассмотрим общий случай задачи двух тел без наложения каких-либо ограничений на движение объекта.

§ 1.4. Интеграл площадей

Умножим (1.2.1) векторно на $\mathbf{r}$ (обозначим точками над векторами производные по времени)[1]. Получим:

$$\mathbf{r}\times\ddot{\mathbf{r}} = -\frac{\mu}{r^3}\mathbf{r}\times\mathbf{r}. \qquad (1.4.1)$$

Так как $\mathbf{r}\times\mathbf{r} = 0$, то $\mathbf{r}\times\ddot{\mathbf{r}} = 0$. Последнее выражение можно представить как:

$$\mathbf{r}\times\ddot{\mathbf{r}} = \dot{\mathbf{r}}\times\dot{\mathbf{r}} + \mathbf{r}\times\ddot{\mathbf{r}} = \frac{d}{dt}(\mathbf{r}\times\dot{\mathbf{r}}) = 0. \qquad (1.4.2)$$

Последняя часть (1.4.2) представляет собой векторный *интеграл площадей*:

$$\mathbf{r}\times\dot{\mathbf{r}} = \mathbf{C}. \qquad (1.4.3)$$

Если мы рассмотрим его в системе координат $\{x, y, z\}$, начало которой совпадает с центром Солнца, а направления осей закреплены в пространстве, то проецируя вектор на оси координат, можем выразить (1.4.3) в виде трёх скалярных интегралов.

Из определения видно, что вектор **C** является нормалью к плоскости движения объекта, проходящей через центр притяжения (Солнце). Эта плоскость носит название *плоскости Лапласа*.

§ 1.5. Интеграл Лапласа

Если перемножить векторно (1.2.1) и интеграл площадей (1.4.3), то получится

$$\ddot{\mathbf{r}}\times\mathbf{C} = -\frac{\mu}{r^3}\mathbf{r}\times(\mathbf{r}\times\dot{\mathbf{r}}). \qquad (1.5.1)$$

Левую часть (1.5.1) можно представить в виде

$$\ddot{\mathbf{r}}\times\mathbf{C} = \frac{d}{dt}(\dot{\mathbf{r}}\times\mathbf{C}). \qquad (1.5.2)$$

---

[1] Здесь и далее, векторное произведение обозначается знаком «×», а скалярное знаком «·».

Правую часть с помощью разложения двойного векторного произведения представим как

$$-\frac{\mu}{r^3}\mathbf{r}\times(\mathbf{r}\times\dot{\mathbf{r}}) = -\frac{\mu}{r^3}\left[\mathbf{r}r\dot{r} - \dot{\mathbf{r}}r^2\right] = \frac{d}{dt}\left(\mu\frac{\mathbf{r}}{r}\right). \tag{1.5.3}$$

Теперь объединим (1.5.2) и (1.5.3)

$$\frac{d}{dt}\left(\dot{\mathbf{r}}\times\mathbf{C} - \mu\frac{\mathbf{r}}{r}\right) = 0. \tag{1.5.4}$$

Выражение в скобках представляет собой векторный *интеграл Лапласа*

$$\dot{\mathbf{r}}\times\mathbf{C} - \mu\frac{\mathbf{r}}{r} = \mathbf{f}. \tag{1.5.5}$$

Обе составляющие вектора Лапласа лежат в плоскости движения объекта, поэтому и вектор $\mathbf{f}$ лежит в той же плоскости. Векторный интеграл (1.5.5) равносилен трём скалярным, но только один из них является независимым, потому что между скалярными интегралами существуют два соотношения:

$$\mathbf{fC} = 0, \tag{1.5.6}$$

$$f^2 = \mu^2 + C^2\left(\dot{r}^2 - \frac{2\mu}{r}\right). \tag{1.5.7}$$

§ 1.6. Интеграл энергии

Умножим скалярно (1.2.1) на $2\dot{\mathbf{r}}$:

$$2\dot{\mathbf{r}}\cdot\ddot{\mathbf{r}} = -\frac{2\mu}{r^3}\dot{\mathbf{r}}\cdot\mathbf{r}, \quad \text{или} \quad \frac{d(\dot{\mathbf{r}}^2)}{dt} = -\frac{\mu}{r^3}\frac{d(\mathbf{r}^2)}{dt} = \frac{d}{dt}\left(\frac{2\mu}{r}\right).$$

Отсюда следует *интеграл энергии*:

$$\dot{r}^2 - \frac{2\mu}{r} = h, \tag{1.6.1}$$

где h — постоянная интеграла энергии, равная удвоенной величине полной энергии единицы массы объекта. Из (1.6.1) следует, что полная энергия в задаче двух тел величина постоянная. Расстояние объекта от Солнца ограничено, если $h < 0$, и неограниченно при $h \geq 0$.

§ 1.7. Шестой интеграл

Из семи интегралов приведённых в § 1.4–1.6 можно составить систему из пяти независимых интегралов, которых недостаточно для получения общего решения системы шестого порядка. Необходимо получить шестой интеграл. Для этого выразим пять переменных из числа $\{\mathbf{r}, \dot{\mathbf{r}}\}$ через оставшуюся шестую (например: «x»). После чего можно составить соответствующее дифференциальное уравнение, интегрирование которого разделением переменных «x» и «t»

даст возможность получить шестую произвольную постоянную. Далее можно выразить «x» через «t», что после подстановки в уравнения для пяти остальных переменных позволяет прийти к системе из шести соотношений между неизвестными функциями, временем и шестью произвольными постоянными, составляющих *общий интеграл уравнений движения*.

§ 1.8. Уравнение орбиты

Движение объекта происходит в неизменной плоскости (вектор **C** из (1.4.3) является нормалью к ней) по кривой, называемой *орбитой объекта*.

Перемножим скалярно векторы интеграла Лапласа и положения объекта:

$$\mathbf{f}\cdot\mathbf{r} = (\dot{\mathbf{r}}\times\mathbf{C})\cdot\mathbf{r} - \frac{\mu\mathbf{r}}{r}\cdot\mathbf{r} = \mathbf{C}\cdot(\mathbf{r}\times\dot{\mathbf{r}}) - \mu r = C^2 - \mu r. \quad (1.8.1)$$

Пусть θ — угол между f и r: $\mathbf{f}\,\mathbf{r} = f\,r\cos\theta$, тогда $f\,r\cos\theta = C^2 - \mu r$, откуда

$$r = \frac{C^2}{\mu + f\cos\theta}. \quad (1.8.2)$$

Обозначим

$$p = \frac{C^2}{\mu} \text{ и } e = \frac{f}{\mu} = \sqrt{1 + h\frac{C^2}{\mu^2}}, \quad (1.8.3)$$

тогда получим

$$r = \frac{p}{1 + e\cos\theta}. \quad (1.8.4)$$

Здесь p — (фокальный) *параметр* орбиты, определяющий её линейные размеры, e — эксцентриситет орбиты, характеризующий её форму.

Уравнение (1.8.4) представляет собой уравнение конического сечения в полярных координатах $\{r,\theta\}$ с полюсом в фокусе. Вектор Лапласа направлен вдоль оси симметрии данного конического сечения, а полярный угол θ определяет поворот текущего вектора положения относительно оси симметрии.

Главная ось орбиты объекта (иначе *фокальная*, потому что проходит через фокусы) совпадающая с направлением вектора Лапласа, — называется *линией апсид*. Для замкнутых орбит (эллиптических) расстояние вдоль этой линии от центра до кривой называется *большой полуосью* a. Таким образом, длина главной оси равна $2a$. Постоянная интеграла энергии h связана с большой полуосью следующим соотношением:

$$h = -\frac{\mu}{a}. \quad (1.8.5)$$

§ 1.9. Типы движения

Уравнение орбиты позволяет сформулировать *первый закон Кеплера* [12]: «Движение спутника относительно притягивающего центра всегда совершается по коническому сечению (эллипсу, окружности, гиперболе, параболе или прямой), в одном из фокусов которой находится притягивающий центр». Таким образом существуют 5 возможных вариантов орбиты:

1) Эллиптическая орбита: $C \neq 0$; $0 < e < 1$, $h < 0$ или $(a > 0)$; $\dot{r} < \sqrt{\frac{2\mu}{r}}$, $f < \mu$; (1.9.1)

2) Круговая орбита: $C \neq 0$; $e = 0$, $h = -\frac{\mu}{r} < 0$ или $(a = r)$, $\dot{r} = \sqrt{\frac{\mu}{r}}$, $f = 0$; (1.9.2)

3) Параболическая орбита: $C \neq 0$; $e = 1$, $h = 0$ или $a = \infty$; $\dot{r} = \sqrt{\frac{2\mu}{r}}$, $f = \mu$; (1.9.3)

4) Гиперболическая орбита: $C \neq 0$; $e > 1$, $h > 0$ или $(a < 0)$; $\dot{r} > \sqrt{\frac{2\mu}{r}}$, $f > \mu$; (1.9.4)

5) Прямолинейная орбита: $C = 0$, $p = 0$, $e = 1$ (согласно (1.8.3)), $f = \mu$. (1.9.5)

§ 1.10. Прямолинейное движение

Параметры, характеризующие прямолинейное движение в (1.9.5), определяют только величины C, p, e и f. Для h и $\dot{r}$ существуют три варианта, которые позволяют разделить прямолинейные орбиты на три группы:

1) Прямолинейно-эллиптическая орбита: $h < 0$; $\dot{r} < \sqrt{\frac{2\mu}{r}}$; (1.10.1)

2) Прямолинейно-параболическая орбита: $h = 0$; $\dot{r} = \sqrt{\frac{2\mu}{r}}$; (1.10.2)

3) Прямолинейно-гиперболическая орбита: $h > 0$; $\dot{r} > \sqrt{\frac{2\mu}{r}}$. (1.10.3)

§ 1.11. Прямолинейное эллиптическое движение

Прямолинейно-эллиптическая орбита представляет собой вырожденный эллипс, сжатый до большой оси и стянутый по ней до фокусов. Движение по нему происходит вдоль большой оси. Орбита имеет вид отрезка длиной $2a$, на концах которого находятся фокусы (рис. 1), где **S** — фокус, в котором находится Солнце, а **A** — афелий орбиты (пустой фокус).

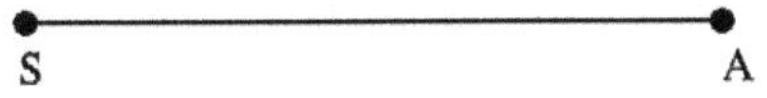

Рис. 1

В силу того, что орбита проходит через фокусы, при движении к центру притяжения неизбежно столкновение с ним. Наиболее длинная возможная траектория: S—A—S с длиной $4a$. Орбита определяется с помощью четырёх элементов: a — большой полуоси $(a > 0)$ и двух из трёх компонент единичного вектора $\mathbf{l}=\{l_x,l_y,l_z\}$, определяющего положение прямой, из которых только 2 являются независимыми, т. к.

$$l_x^2+l_y^2+l_z^2=1. \qquad (1.11.1)$$

В качестве альтернативы прямоугольным компонентам **l**, можно рассмотреть элементы в сферической системе координат: Ω — долгота проекции орбиты на плоскость эклиптики, i — наклон орбиты к плоскости эклиптики. В отличие от плоских орбит, прямолинейные орбиты не имеют обратного движения. Поэтому наклон орбиты изменяется от 0 до 90° (рис. 2). В качестве четвёртого элемента нужно рассмотреть расстояние от Солнца r_0 в некоторую эпоху t_0. Прямоугольные координаты объекта выражаются через сферические координаты в виде:

$$\left.\begin{aligned} x_0 &= r_0\cos\Omega\cos i,\\ y_0 &= r_0\sin\Omega\cos i,\\ z_0 &= r_0\sin i. \end{aligned}\right\} \qquad (1.11.2)$$

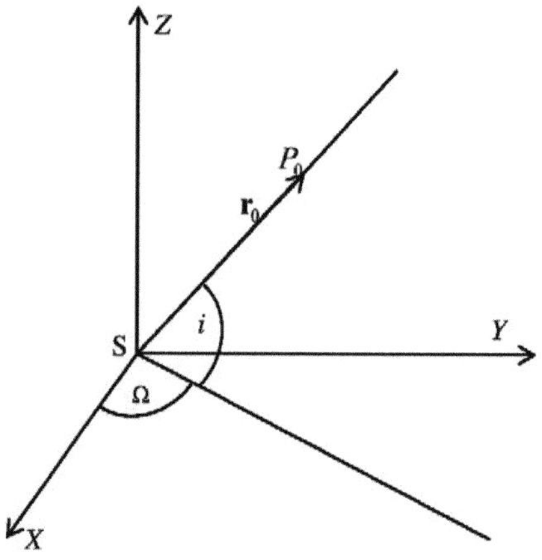

Рис. 2

§ 1.12. Прямолинейно-параболическое движение

Прямолинейная параболическая орбита представляет собой вырожденную параболу. По сравнению со случаем вырожденного эллипса разница состоит в том, что орбита имеет вид луча, с фокусом в начале (рис. 3).

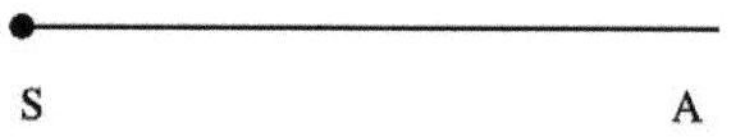

Рис. 3

Движение по такой орбите возможно либо к притягивающему центру, либо от него. В силу того, что для параболы $a = \infty$, афелий находится на бесконечности. Орбита определятся тремя элементами: двумя компонентами единичного вектора **l** или Ω и i, плюс расстояние от Солнца r_0 в некоторую эпоху t_0. Это граничный случай между ограниченным эллиптическим движением и неограниченным гиперболическим.

§ 1.13. Прямолинейно-гиперболическое движение

Вид прямолинейной гиперболы не отличается от прямолинейной параболы — луч, исходящий из центра Солнца. Разница лишь в том, что кроме этой ветви гиперболы S—A, по которой происходит движение, существует другая (мнимая) ветвь A′—S′, по которой объект двигаться не может (рис. 4) (точнее говоря, может, но если масса его не положительна, а отрицательна). Причём расстояние между истинной и мнимой полупрямыми будет равно удвоенному модулю большой полуоси гиперболической орбиты:

$$|S' - S| = 2|a|. \qquad (1.13.1)$$

Рис. 4

Число элементов, как и у эллипса, четыре: a, Ω , i, r_0 в эпоху t_0, но $a < 0$ ($h > 0$).

§ 1.14. Связь времени с положением на орбите

Важной характеристикой движения является интервал времени, необходимый для перемещения между двумя точками орбиты. Рассмотрим связь времени с положением на орбите. Из интеграла энергии (1.6.1) получим уравнение:

$$\dot{\mathbf{r}}^2 = \frac{2k^2}{r} + h, \qquad (1.14.1)$$

где $h = -\frac{k^2}{a}$. После интегрирования в интервале от t_1 до t_2 найдём:

$$\int_{r_1}^{r_2} \frac{\sqrt{r}dr}{\sqrt{2k^2 + hr}} = \pm(t_2 - t_1). \qquad (1.14.2)$$

Знак величины h определяет конечный вид интеграла. Он имеет три различных выражения для $h = 0$, $h < 0$ и $h > 0$, что соответствует параболическому, эллиптическому и гиперболическому движению соответственно. Знак «+» в правой части уравнения соответствует движению от центра, а знак « – » — движению в сторону центра.

Вычислим интеграл для параболической орбиты ($h = 0$):

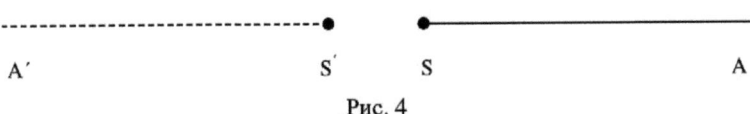

$$r_2^{3/2} - r_1^{3/2} = \pm\frac{3k}{\sqrt{2}}(t_2 - t_1), \tag{1.14.3}$$

или

$$r_2^{3/2} - r_1^{3/2} = \pm\frac{3\tau_{21}}{\sqrt{2}}, \tag{1.14.4}$$

где

$$\tau_{21} = k(t_2 - t_1). \tag{1.14.5}$$

Для прямолинейно-эллиптической орбиты ($h < 0$) возможны два случая:

1) оба радиус-вектора лежат на одной дуге траектории (между двумя фокусами)

$$\arccos\left(\frac{a - r_1}{a}\right) - \arccos\left(\frac{a - r_2}{a}\right) - \frac{1}{a}\left[\sqrt{2ar_2 - r_2^2} - \sqrt{2ar_1 - r_1^2}\right] = \pm\tau_{21}a^{-3/2}; \tag{1.14.6}$$

2) радиус-векторы находятся на разных дугах траектории (объект проходит афелий). Движение здесь можно разделить на две части: от точки (1) до афелия и от афелия до точки (2):

$$2\pi - \arccos\left(\frac{a - r_1}{a}\right) - \arccos\left(\frac{a - r_2}{a}\right) - \frac{1}{a}\left[\sqrt{2ar_2 - r_2^2} + \sqrt{2ar_1 - r_1^2}\right] = \tau_{21}a^{-3/2}. \tag{1.14.7}$$

Для гиперболической орбиты ($h > 0$ и $a < 0$) введём $\tilde{a} = -a > 0$:

$$\ln\left(\frac{\tilde{a} + r_1 + \sqrt{r_1^2 + 2\tilde{a}r_1}}{\tilde{a}}\right) - \ln\left(\frac{\tilde{a} + r_2 + \sqrt{r_2^2 + 2\tilde{a}r_2}}{\tilde{a}}\right) + \frac{1}{\tilde{a}}\left[\sqrt{r_2^2 + 2\tilde{a}r_2} - \sqrt{r_1^2 + 2\tilde{a}r_1}\right] = \pm\tau_{21}\tilde{a}^{-3/2}. \tag{1.14.8}$$

Глава 2. Динамико-геометрический метод

Начиная с этой главы, мы приступим к рассмотрению задачи определения прямолинейной орбиты из наблюдений. Наблюдения объекта будем рассматривать в эклиптической системе координат:

ρ — топоцентрическое расстояние до объекта;

λ — широта;

β — долгота.

Каждому наблюдению соответствует момент времени t. Связь между топоцентрическими и гелиоцентрическими координатами объекта задаётся соотношением:

$$\mathbf{r} = \mathbf{e}\,\rho - \mathbf{R}, \tag{2.0.1}$$

где $\mathbf{r}$ — вектор положения объекта относительно центра притяжения, ρ — расстояние между наблюдателем и объектом; $\mathbf{e} = \{\xi, \eta, \zeta\}$ – единичный вектор, направленный по лучу зрения наблюдателя, где $\xi = \cos\beta\cos\lambda$, $\eta = \cos\beta\sin\lambda$, $\zeta = \sin\beta$; $\mathbf{R} = \{-X, -Y, -Z\}$ — вектор положения центра притяжения (Солнца) относительно наблюдателя (X, Y, Z — гелиоцентрические координаты наблюдателя) (рис. 5).

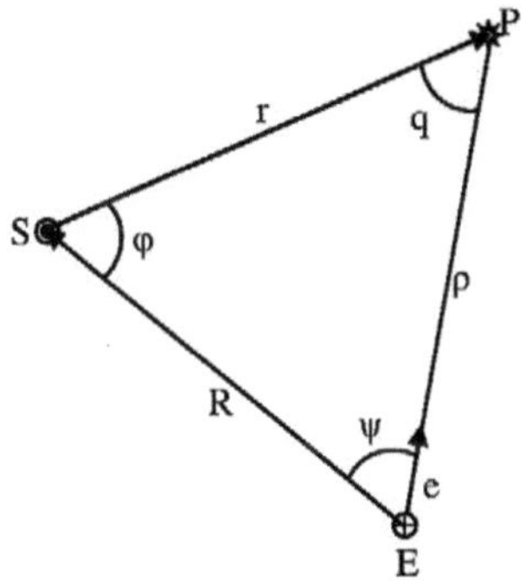

Рис. 5

Здесь S — центр притяжения, E — положение наблюдателя, P — положение наблюдаемого объекта, ψ — угол между направлениями на Солнце и объект, φ — угол при Солнце между направлениями на наблюдателя и объект, q — угол при объекте между направлениями на наблюдателя и Солнце.

Данная глава посвящена случаю, когда моменты наблюдения разделены большими интервалами времени. Здесь наиболее подходящим является динамико-геометрический метод определения орбиты. Его можно разделить на два этапа:

— определение орбиты в пространстве из геометрических соображений;

— определение типа орбиты и решение уравнения Эйлера–Ламберта для нахождения величины большой полуоси.

§ 2.1. Определение траектории

На первом этапе воспользуемся уравнением (2.1) для моментов времени t_1 и t_2 [12]:

$$\mathbf{r}_1 = \mathbf{e}_1 \rho_1 - \mathbf{R}_1, \qquad \mathbf{r}_2 = \mathbf{e}_2 \rho_2 - \mathbf{R}_2, \tag{2.1.1}$$

Искомая орбита лежит на прямой, которая является пересечением двух плоскостей, содержащих треугольники (2.1.1) (рис. 6).

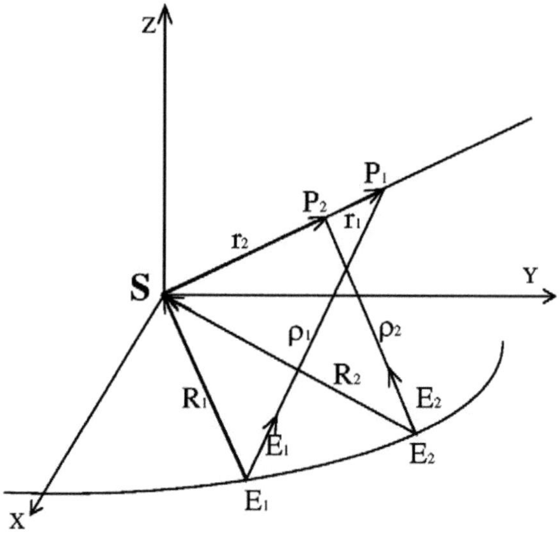

Рис. 6

Это справедливо для случаев, когда векторы $\mathbf{e}_1$, $\mathbf{e}_2$, $\mathbf{R}_1$ и $\mathbf{R}_2$ не лежат в одной плоскости (т. е. искомая орбита не принадлежит целиком плоскости эклиптики) или векторы $\mathbf{e}_1$ и $\mathbf{e}_2$ не параллельны друг другу вне плоскости эклиптики. В первом случае геометрический метод неприменим, т. к. для двух наблюдений имеется целая полуплоскость возможных решений $(0 \le \rho_1 < +\infty)$ и для получения конкретной орбиты необходимо третье наблюдение и другой метод. Второй случай предполагает пересечение плоскостей на бесконечно удалённой прямой, орбита будет параллельна $\mathbf{e}_1$ и $\mathbf{e}_2$ и, следовательно, $\rho_1 = \rho_2 = \infty$.

Так как искомая прямая проходит через центр координат, то её уравнение можно записать как:

$$\mathbf{r} = \mathbf{l}\sigma, \tag{2.1.2}$$

где $\mathbf{l} = \{l_x, l_y, l_z\}$ — единичный вектор прямой, $0 \le \sigma < +\infty$.

Уравнения для плоскостей можно записать так:

$$(\mathbf{e}_i \times \mathbf{R}_i)\,\mathbf{r}_i = 0 \quad (i = 1,2). \tag{2.1.3}$$

Пусть $\mathbf{L} = \{L_x, L_y, L_z\}$ — ненормированный вектор, определяющий положение искомой прямой, тогда:

$$\mathbf{L} = (\mathbf{e}_1 \times \mathbf{R}_1)\times(\mathbf{e}_2 \times \mathbf{R}_2), \qquad (2.1.4)$$

$$\mathbf{l} = \frac{\mathbf{L}}{|\mathbf{L}|}. \qquad (2.1.5)$$

Через компоненты вектора **l** можно выразить углы ориентации орбиты (1.11.2):

$$\sin i = \frac{l_z}{|\mathbf{l}|}, \ \sin\Omega = \frac{l_y}{\sqrt{l_x^2 + l_y^2}}, \ \cos\Omega = \frac{l_x}{\sqrt{l_x^2 + l_y^2}}. \qquad (2.1.6)$$

После того, как найден вектор **l** можно решить треугольники относительно r_i и $\rho_i (i = 1, 2)$ (рис. 5). Сначала определяем углы ψ_i, φ_i и q_i:

$$\cos\psi_i = \frac{-X_i\xi_i - Y_i\eta_i - Z_i\varsigma_i}{\sqrt{X_i^2 + Y_i^2 + Z_i^2}}, \ \cos\varphi_i = \frac{X_i l_x + Y_i l_y + Z_i l_z}{\sqrt{X_i^2 + Y_i^2 + Z_i^2}}, \qquad (2.1.7)$$

$$q_i = \pi - \psi_i - \varphi_i. \qquad (2.1.8)$$

Затем находим r_i и ρ_i (i = 1, 2):

$$\rho_i = \frac{\sin\varphi_i}{\sin q_i} R_i, \ r_i = \frac{\sin\psi_i}{\sin q_i} R_i. \qquad (2.1.9)$$

Можно получить уравнения (2.1.9) без использования углов ψ_i, φ_i и q_i. Для этого рассмотрим условие прямолинейности орбиты, выраженное через векторное произведение $\mathbf{r}_1$ и $\mathbf{r}_2$:

$$\mathbf{r}_1\times\mathbf{r}_2=\mathbf{0}. \qquad (2.1.10)$$

Подставим (2.1.1) в (2.1.10):

$$(\mathbf{e}_1\rho_1 - \mathbf{R}_1)\times(\mathbf{e}_2\rho_2 - \mathbf{R}_2) = \mathbf{0}. \qquad (2.1.11)$$

После раскрытия скобок получим векторное уравнение:

$$(\mathbf{e}_1 \times \mathbf{e}_2)\rho_1\rho_2 - (\mathbf{e}_1 \times \mathbf{R}_2)\rho_1 + (\mathbf{e}_2 \times \mathbf{R}_1)\rho_2 + (\mathbf{R}_1 \times \mathbf{R}_2) = 0. \qquad (2.1.12)$$

Умножим векторное уравнение (2.1.13) скалярно на векторы $\mathbf{e}_1$ и $\mathbf{e}_2$ соответственно:

$$\left.\begin{aligned} \mathbf{e}_1(\mathbf{e}_2 \times \mathbf{R}_1)\rho_2 + \mathbf{e}_1(\mathbf{R}_1 \times \mathbf{R}_2) = 0, \\ -\mathbf{e}_2(\mathbf{e}_1 \times \mathbf{R}_2)\rho_1 + \mathbf{e}_2(\mathbf{R}_1 \times \mathbf{R}_2) = 0. \end{aligned}\right\} \qquad (2.1.13)$$

Система (2.1.13) является линейной относительно ρ_1 и ρ_2:

$$\left.\begin{aligned} \rho_2 &= -\frac{\mathbf{e}_1(\mathbf{R}_1 \times \mathbf{R}_2)}{\mathbf{e}_1(\mathbf{e}_2 \times \mathbf{R}_1)}, \\ \rho_1 &= \ \ \frac{\mathbf{e}_2(\mathbf{R}_1 \times \mathbf{R}_2)}{\mathbf{e}_2(\mathbf{e}_1 \times \mathbf{R}_2)}. \end{aligned}\right\} \qquad (2.1.14)$$

Пример 2.1.1

1) Определим положение объекта по следующим начальным данным:
(Здесь и в дальнейшем будем считать орбиту Земли круговой с радиусом R = 1 а. е.)

$t_1 = 0.0$, $\lambda_1 = 66.72°$, $\beta_1 = 57.50°$, $\xi_1 = 0.212346$, $\eta_1 = 0.493490$, $\zeta_1 = 0.843431$,
$X_1 = -0.965926$ а. е. $Y_1 = -0.258819$ а. е., $Z_1 = 0.0$

$t_2 = 78.4540267$ сут, $\lambda_2 = 00.05°$, $\beta_2 = 53.65°$, $\xi_2 = 0.592649$, $\eta_2 = 0.000469$, $\zeta_2 = 0.805406$,
$X_2 = 0.040564$ а. е. $Y_2 = -0.999177$ а. е., $Z_2 = 0.0$.

2) Подставим данные в формулы (2.1.4): $L_x = 0.0$, $L_y = 0.468666$, $L_z = 0.468666$.

3) Пронормируем вектор **L** по формуле (2.1.5): $l_x = 0.0$, $l_y = 0.500000$, $l_z = 0.500000$.

4) Найдём углы ψ, φ, q по формулам (2.1.7) и (2.1.8): $\psi_1 = 109.44°$, $\varphi_1 = 52.24°$, $q_1 = 18.32°$
$\psi_2 = 88.65°$, $\varphi_2 = 61.36°$, $q_2 = 29.99°$.

5) Теперь можно определить ρ и r по формулам (2.1.9): $\rho_1 = 2.515107$ а. е., $r_1 = 3.000000$ а. е.
$\rho_2 = 1.755783$ а. е., $r_2 = 2.000000$ а. е.

Пример 2.1.2

1) Определим положение объекта по следующим начальным данным:

$t_1 = 0.0$, $\lambda_1 = 87.37°$, $\beta_1 = 62.32°$, $\xi_1 = 0.221336$, $\eta_1 = 0.464009$, $\zeta_1 = 0.885526$,
$X_1 = -0.965926$ а. е. $Y_1 = -0.965926$ а. е., $Z_1 = 0.0$

$t_2 = 51.55776$ сут, $\lambda_2 = 04.00°$, $\beta_2 = 68.04°$, $\xi_2 = 0.373028$, $\eta_2 = 0.026060$, $\zeta_2 = 0.927454$,
$X_2 = -0.409635$ а. е. $Y_2 = -0.912249$ а. е., $Z_2 = 0.0$.

2) Подставим данные в формулы (2.1.4): $L_x = 0.450154$, $L_y = 0.450154$, $L_z = 0.707107$.

3) Пронормируем вектор **L** по формуле (2.1.5): $l_x = 0.500000$, $l_y = 0.500000$, $l_z = 0.707107$.

4) Найдём углы ψ, φ, q по формулам (2.1.7) и (2.1.8): $\psi_1 = 98.09°$, $\varphi_1 = 52.24°$, $q_1 = 29.67°$
$\psi_2 = 100.17°$, $\varphi_2 = 48.63°$, $q_2 = 31.20°$.

5) Теперь можно определить ρ и r по формулам (2.1.10): $\rho_1 = 1.597032$ а. е., $r_1 = 2.000000$ а. е.
$\rho_2 = 1.448592$ а. е., $r_2 = 1.899999$ а. е.

Пример 2.1.3

1) Определим положение объекта по следующим начальным данным:

$t_1 = 0.0$, $\lambda_1 = 88.11°$, $\beta_1 = 62.41°$, $\xi_1 = 0.015240$, $\eta_1 = 0.462865$, $\zeta_1 = 0.886298$,
$X_1 = -0.965926$ а. е. $Y_1 = -0.258819$ а. е., $Z_1 = 0.0$.

$t_2 = 63.287117$ сут, $\lambda_2 = 359.55°$, $\beta_2 = 61.28°$, $\xi_2 = 0.480451$, $\eta_2 = -0.003732$, $\zeta_2 = 0.877013$,
$X_2 = -0.218498$ а. е. $Y_2 = -0.975837$ а. е., $Z_2 = 0.0$.

2) Подставим данные в формулы (2.1.4): $L_x = 0.486992$, $L_y = 0.486992$, $L_z = 0.688711$.

3) Пронормируем вектор **L** по формуле (2.1.5): $l_x = 0.500000$, $l_y = 0.500000$, $l_z = 0.707107$.

4) Найдём углы ψ, φ, q по формулам (2.1.7) и (2.1.8): $\psi_1 = 97.73°$, $\varphi_1 = 52.24°$, $q_1 = 30.03°$,
$\psi_2 = 95.82°$, $\varphi_2 = 53.33°$, $q_2 = 30.85°$.

5) Теперь можно определить ρ и r по формулам (2.1.9): $\rho_1 = 1.579685$ а. е., $r_1 = 1.980000$ а. е.
$\rho_2 = 1.564158$ а. е., $r_2 = 1.939999$ а. е.

Пример 2.1.4

1) Определим положение объекта по следующим начальным данным:

$t_1 = 0.0$, $\lambda_1 = 66.72°$, $\beta_1 = 57.50°$, $\xi_1 = 0.212346$, $\eta_1 = 0.493490$, $\zeta_1 = 0.843343$,
$X_1 = -0.965926$ а. е., $Y_1 = -0.258819$ а. е., $Z_1 = 0.0$.

$t_2 = 64.879779$ сут, $\lambda_2 = 01.31°$, $\beta_2 = 60.24°$, $\xi_2 = 0.496197$, $\eta_2 = 0.011383$, $\zeta_2 = 0.868135$,
$X_2 = -0.191683$ а. е., $Y_2 = -0.981457$ а. е., $Z_2 = 0.0$.

2) Подставим данные в формулы (2.1.4): $L_x = 0.465150$, $L_y = 0.465150$, $L_z = 0.657822$.

3) Пронормируем вектор **L** по формуле (2.1.5): $l_x = 0.500000$, $l_y = 0.500000$, $l_z = 0.707107$.

4) Найдём углы ψ, φ, q по формулам (2.1.7) и (2.1.8): $\psi_1 = 109.44°$, $\varphi_1 = 52.24°$, $q_1 = 18.32°$,
$\psi_2 = 95.82°$, $\varphi_2 = 53.33°$, $q_2 = 30.85°$.

5) Теперь можно определить ρ и r по формулам (2.1.9): $\rho_1 = 1.579685$ а. е., $r_1 = 1.980000$ а. е.
$\rho_2 = 1.564158$ а. е., $r_2 = 1.939999$ а. е.

Пример 2.1.5

1) Определим положение объекта по следующим начальным данным:

$t_1 = 0.0$, $\lambda_1 = 66.72°$, $\beta_1 = 57.50°$, $\xi_1 = 0.212346$, $\eta_1 = 0.493490$, $\zeta_1 = 0.843431$,
$X_1 = -0.965926$ а. е., $Y_1 = -0.258819$ а. е., $Z_1 = 0.0$.

$t_2 = 56.601548$ сут, $\lambda_2 = 04.74°$, $\beta_2 = 64.54°$, $\xi_2 = 0.428373$, $\eta_2 = 0.035551$, $\zeta_2 = 0.902902$,
$X_2 = -0.329040$ а. е., $Y_2 = -0.944316$ а. е., $Z_2 = 0.0$.

2) Подставим данные в формулы (2.1.4): $L_x = 0.445317$, $L_y = 0.445317$, $L_z = 0.629773$.

3) Пронормируем вектор **L** по формуле (2.1.5): $l_x = 0.500000$, $l_y = 0.500000$, $l_z = 0.707107$.

4) Найдём углы ψ, φ, q по формулам (2.1.7) и (2.1.8): $\psi_1 = 109.44°$, $\varphi_1 = 52.24°$, $q_1 = 18.32°$,
$\psi_2 = 100.05°$, $\varphi_2 = 50.46°$, $q_2 = 29.49°$.

5) Теперь можно определить ρ и r по формулам (2.1.9): $\rho_1 = 2.515107$ а. е., $r_1 = 3.000000$ а. е.
$\rho_2 = 1.566298$ а. е., $r_2 = 1.999999$ а. е.

§ 2.2. Учёт планетной аберрации

До сих пор мы не учитывали то, что момент времени фиксации наблюдения t отличается от момента t^0, когда свет покинул наблюдаемый объект. Взаимосвязь между этими моментами линейно зависит от расстояния ρ между объектом и наблюдателем и может быть выражена формулой:

$$t = t^0 + U\rho, \tag{2.2.1}$$

где U обозначает время, за которое свет проходит 1 а. е.: $U = 0.00577560$ сут [12]. После того, как мы нашли по (2.1.9) ρ_i ($i = 1, 2$), необходимо для дальнейших вычислений определить t_i^0:

$$t_i^0 = t_i - U\rho_i. \tag{2.2.2}$$

§ 2.3. Условие коллинеарности векторов положения объекта

Уравнения (1.14.5), (1.14.6) и (1.14.7) выражают связь между расстоянием объекта от центра притяжения r_i (где $i = 1, 2,..$) и величиной большой полуоси орбиты a. В некоторых случаях может потребоваться выражение одного геоцентрического расстояния через другое геоцентрическое расстояние до объекта, без использования элементов орбиты наблюдаемого объекта. Для этого необходимо иметь дополнительное соотношение между ними. В этом качестве можно использовать условие коллинеарности векторов $\mathbf{r_i}$ и $\mathbf{r_j}$. Так как векторное соотношение состоит из трёх скалярных, то удобнее использовать его в виде скалярного произведения на самого себя:

$$(\mathbf{r_i} \times \mathbf{r_j})(\mathbf{r_i} \times \mathbf{r_j}) = 0. \tag{2.3.1}$$

Подставим (2.1.1) в (2.3.1):

$$A_1\rho_i^2\rho_j^2 + B_1\rho_i^2 + C_1\rho_j^2 + D_1\rho_i^2\rho_j + E_1\rho_i\rho_j^2 + F_1\rho_i\rho_j + G_1\rho_i + H_1\rho_j + I_1 = 0, \tag{2.3.2}$$

где

$$\left.\begin{aligned} &A_1 = (\mathbf{e_i} \times \mathbf{e_j})^2,\ B_1 = (\mathbf{e_i} \times \mathbf{R_j})^2,\ C_1 = (\mathbf{e_j} \times \mathbf{R_i})^2,\ D_1 = -2(\mathbf{e_i} \times \mathbf{e_j})(\mathbf{e_i} \times \mathbf{R_j}),\\ &E_1 = 2(\mathbf{e_i} \times \mathbf{e_j})(\mathbf{e_j} \times \mathbf{R_i}),\ F_1 = 2[(\mathbf{e_i} \times \mathbf{e_j})(\mathbf{R_i} \times \mathbf{R_j}) - (\mathbf{e_i} \times \mathbf{R_j})(\mathbf{e_j} \times \mathbf{R_i})],\\ &G_1 = -2(\mathbf{e_i} \times \mathbf{R_j})(\mathbf{R_i} \times \mathbf{R_j}),\ H_1 = 2(\mathbf{e_j} \times \mathbf{R_i})(\mathbf{R_i} \times \mathbf{R_j}),\ I_1 = (\mathbf{R_i} \times \mathbf{R_j})^2. \end{aligned}\right\} \tag{2.3.3}$$

Уравнение (2.3.2) является квадратным относительно ρ_i, но имеет только один кратный корень:

$$\rho_i = -\frac{1}{2}\frac{E_1\rho_j^2 + F_1\rho_j + G_1}{A_1\rho_j^2 + D_1\rho_j + B_1}. \qquad (2.3.4)$$

Аналогично найдём выражение для ρ_j относительно ρ_i:

$$\rho_j = -\frac{1}{2}\frac{D_1\rho_i^2 + F_1\rho_i + H_1}{A_1\rho_i^2 + E_1\rho_i + C_1}. \qquad (2.3.5)$$

Уравнения (2.3.4) и (2.3.5) определяют связь между двумя расстояниями от наблюдателя до объекта *для любых прямолинейных орбит*.

Числитель и знаменатель (2.3.4) можно разложить на линейные множители и получить:

$$\rho_i = -\frac{1}{2}\frac{(\rho_j + (\mathbf{e}_i \times \mathbf{e}_j)(\mathbf{R}_i \times \mathbf{R}_j))(\rho_j - (\mathbf{e}_i \times \mathbf{R}_j)(\mathbf{e}_j \times \mathbf{R}_i))(\mathbf{e}_i \times \mathbf{e}_j)^4}{(\rho_j(\mathbf{e}_i \times \mathbf{e}_j)^2 - (\mathbf{e}_i \times \mathbf{e}_j)(\mathbf{e}_i \times \mathbf{R}_j))^2(\mathbf{e}_i \times \mathbf{e}_j)(\mathbf{e}_j \times \mathbf{R}_i)}. \qquad (2.3.6)$$

Аналогично, найдём для (2.3.5):

$$\rho_j = -\frac{1}{2}\frac{(\rho_i - (\mathbf{e}_i \times \mathbf{e}_j)(\mathbf{R}_i \times \mathbf{R}_j))(\rho_i + (\mathbf{e}_i \times \mathbf{R}_j)(\mathbf{e}_i \times \mathbf{R}_j))(\mathbf{e}_i \times \mathbf{e}_j)^4}{(\rho_i(\mathbf{e}_i \times \mathbf{e}_j)^2 + (\mathbf{e}_i \times \mathbf{e}_j)(\mathbf{e}_j \times \mathbf{R}_i))^2(\mathbf{e}_i \times \mathbf{e}_j)(\mathbf{e}_i \times \mathbf{R}_j)}. \qquad (2.3.7)$$

Как легко видеть из (2.3.6) и (2.3.7), уравнение (2.3.2) представляет собой гиперболу с асимптотами, параллельными осям ρ_i и ρ_j. Точка пересечения асимптот имеет координаты $\left(-\frac{(\mathbf{e}_i \times \mathbf{e}_j)(\mathbf{e}_j \times \mathbf{R}_i)}{(\mathbf{e}_i \times \mathbf{e}_j)^2}, \frac{(\mathbf{e}_i \times \mathbf{e}_j)(\mathbf{e}_i \times \mathbf{R}_j)}{(\mathbf{e}_i \times \mathbf{e}_j)^2}\right)$.

§ 2.4. Определение типа орбиты

После того, как найдены r_1 и r_2, а также найдены истинные моменты времени t_1^0 и t_2^0 (далее в этой главе наличие верхнего индекса будет подразумеваться), можно переходить к последнему этапу определения орбиты: определению типа орбиты и величины большой полуоси a [13]. Примем за $\Delta t = t_2 - t_1$ — промежуток времени между наблюдениями. С геометрической точки зрения прямолинейные орбиты можно разделить на 2 группы:

— ограниченные — прямолинейно-эллиптические орбиты — представляют собой отрезок, на одном из концов которого Солнце (S), а на другом афелий орбиты (A) (рис. 1). По такой орбите возможно движение от Солнца до точки афелия, а затем обратно к Солнцу;

— неограниченные — прямолинейно-параболические и прямолинейно-гиперболические — представляют собой лучи, в начальной точке которых находится Солнце (S). По таким орбитам возможно либо движение от Солнца на бесконечность (рис. 3), либо, наоборот, из бесконечности к Солнцу. Для этих орбит афелием можно считать бесконечно удалённую точку.

Два положения объекта на орбите можно соединить с помощью следующих пяти вариантов траекторий:

1) движение от Солнца: оба положения между Солнцем и афелием (рис. 7);
2) движение от Солнца: первое положение между Солнцем и афелием, а второе в точке афелия (рис. 8);
3) движения от Солнца к афелию и к Солнцу: оба положения между Солнцем и афелием, но первое — при движении от Солнца, а второе от афелия к Солнцу (рис. 9);
4) движение к Солнцу: первое положение в точке афелия, а второе между Солнцем и афелием (рис. 10);
5) движение к Солнцу: оба положения между Солнцем и афелием (рис. 11).

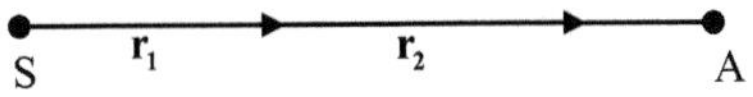

Рис. 7

Рис. 8

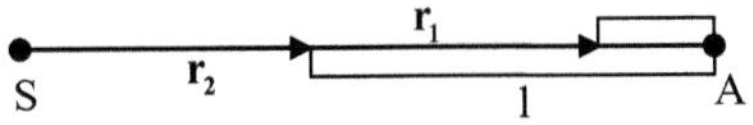

Рис. 9

Рис. 10

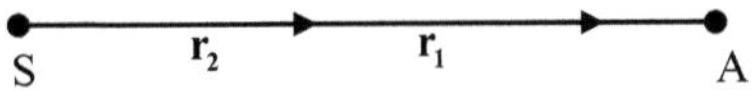

Рис. 11

Данные варианты можно также объединить в три группы:

Случаи (1) и (5) отличаются только направлением движения (от Солнца или к Солнцу). С точки зрения динамики, они равнозначны, меняются местами лишь r_1 и r_2. Для разных типов движения они соответствуют: *прямолинейно-эллиптической траектории первого рода* (происходит от названия *эллиптический сектор первого рода* [14], используемого для невырожденных эллипсов, т. е. секторам, не содержащим в себе «пустых» фокусов), траекториям для прямолинейно-параболической и прямолинейно-гиперболической орбит.

То же верно и для случаев (2) и (4), с той лишь разницей, что наблюдение небесного тела в афелии возможно только для орбиты эллиптического типа. Такие траектории называются *граничными*. В общем (невырожденном) подходе к эллиптическому движению они соответствуют случаям, когда хорда, соединяющая векторы $\mathbf{r}_1$ и $\mathbf{r}_2$, проходит через второй (пустой) фокус эллипса. Для прямолинейного эллипса это означает, что один из векторов оканчивается в афелии.

Случай (3) возможен только для эллиптического движения. Он соответствует *прямолинейно-эллиптической траектории второго рода* (также ведущей своё происхождение от *эллиптического сектора второго рода* — сектора, заключающего в себе оба фокуса или заключающего «пустой» фокус). В отличие от групп «a» и «b» здесь пройдённый путь не равен длине хорды s между векторами $\mathbf{r}_1$ и $\mathbf{r}_2$, и определяется не как:

$$l = s = |r_2 - r_1|, \tag{2.4.1}$$

а как сумма расстояний от r_1 до точки афелия A и от A до r_2 (рис. 9):

$$l = 4a - r_1 - r_2. \tag{2.4.2}$$

Для классификации орбиты необходимо вычислить для данных r_1 и r_2 промежутки времени, соответствующие прямолинейно-параболической и граничной прямолинейно-эллиптической орбитам. Для того чтобы не описывать отдельно движение от Солнца и к Солнцу, введём $r_{\max}$ и $r_{\min}$ как наибольшее и наименьшее из значений $\{r_1, r_2\}$. Кроме того, введём вместо времени параметр $\tau = k\Delta t$:

$$\tau_{\text{пар}} = \frac{\sqrt{2}}{3}\left(r_{\max}^{3/2} - r_{\min}^{3/2}\right),\ \tau_{\text{гр}} = \frac{r_{\max}^{3/2}}{2\sqrt{2}}\left(\pi - \gamma_0 + \sin\gamma_0\right), \tag{2.4.3}$$

где

$$\sin\frac{\gamma_0}{2} = \sqrt{\frac{r_{\min}}{r_{\max}}},\ 0 \le \gamma_0 \le \pi. \tag{2.4.4}$$

Далее производим их сравнение с Δt и получаем один из 5 возможных вариантов орбиты:

1) $\tau = \tau_{\text{пар}}$ — прямолинейно-параболическая орбита, для неё $a = \infty$;

2) $\tau = \tau_{\text{гр}}$ — граничная прямолинейно-эллиптическая орбита, для неё $a = \frac{r_{\max}}{2}$;

3) $\tau > \tau_{\text{гр}}$ — прямолинейно-эллиптическая орбита 2-го рода:

$$\tau = a^{3/2}\left(2\pi - \nu_0 + \sin\nu_0 - \gamma_0 + \sin\gamma_0\right), \tag{2.4.5}$$

где

$$\sin\frac{\nu_0}{2} = \sqrt{\frac{r_{\max}}{2a}},\ \sin\frac{\gamma_0}{2} = \sqrt{\frac{r_{\min}}{2a}},\ 0 \le \nu_0 \le \pi,\ 0 \le \gamma_0 \le \pi; \tag{2.4.6}$$

4) $\tau_{\text{пар}} < \tau < \tau_{\text{гр}}$ — прямолинейно-эллиптическая орбита 1-го рода:

$$\tau = a^{3/2}\left(\nu_0 - \sin\nu_0 - \gamma_0 + \sin\gamma_0\right); \tag{2.4.7}$$

5) $\tau < \tau_{\text{пар}}$ — прямолинейно-гиперболическая орбита:

$$\tau = \tilde{a}^{3/2}\left(\operatorname{sh}\nu_0 - \nu_0 - \operatorname{sh}\gamma_0 + \gamma_0\right), \tag{2.4.8}$$

где

$$\operatorname{sh}\frac{\nu_0}{2} = \sqrt{\frac{r_{\max}}{2\tilde{a}}},\ \operatorname{sh}\frac{\gamma_0}{2} = \sqrt{\frac{r_{\min}}{2\tilde{a}}},\ \nu_0 \ge 0,\ \gamma_0 \ge 0,\ \tilde{a} = -a. \tag{2.4.9}$$

После решения соответствующего трансцендентного уравнения мы находим большую полуось и полностью определяем орбиту.

§ 2.5. Решение уравнения для прямолинейно-эллиптической траектории второго рода

Введём величину $\tau = k\Delta t$, тогда (2.4.5) можно представить как:

$$\tau = a^{3/2}\left(2\pi - 2\arcsin\sqrt{\frac{r_{max}}{2a}} + \frac{\sqrt{2r_{max}a - r_{max}^2}}{a} - 2\arcsin\sqrt{\frac{r_{min}}{2a}} + \frac{\sqrt{2r_{min}a - r_{min}^2}}{a}\right). \qquad (2.5.1)$$

Рассмотрим уравнение (2.5.1). Его решение представляет собой поверхность в трёхмерном пространстве. Немного иначе его можно выразить как:

$$2\pi - \arccos\left(\frac{a - r_{min}}{a}\right) - \arccos\left(\frac{a - r_{max}}{a}\right) + \frac{1}{a}\left[\sqrt{2ar_{min} - r_{min}^2} + \sqrt{2ar_{max} - r_{max}^2}\right] = \tau a^{-3/2}. \qquad (2.5.2)$$

Решение уравнения (2.5.1) или (2.5.2) относительно a позволит полностью определить прямолинейно-эллиптическую траекторию второго рода.

Пример 2.5.1

1) Определим тип орбиты и большую полуось по данным, полученным в примере 2.1.3:
$t_1 = 0.0$, $r_{max} = r_1 = 1.98000$ а. е.
$t_2 = 63.287207$ сут, $r_{min} = r_2 = 1.939999$ а. е.
2) Внесём поправки за аберрацию по (2.2.2): $t_1^0 = -0.009124$ сут, $t_2^0 = 63.287117 - 0.009034$ сут, $\Delta t_{21}^0 = 63.287207$ сут (далее используем Δt_{21} как Δt_{21}^0).
3) Вычислим $\tau = 1.088673$, вычислим по (2.3.3) $\tau_{гр} = 0.558137$ и $\tau_{пар} = 0.039588$, получим: $\tau_{пар} < \tau_{гр} < \tau$, следовательно, имеет место быть прямолинейно-эллиптическая траектория второго рода.
4) Уравнение (2.5.1) примет вид:

$$2\pi - 2\arcsin\sqrt{\frac{1.980000}{2a}} + \frac{\sqrt{3.960000a - 3.92040}}{a} - 2\arcsin\sqrt{\frac{1.93999}{2a}} + \frac{\sqrt{3.87998a - 3.763596}}{a} - 1.088673a^{\left(-\frac{3}{2}\right)} = 0.$$

Решение уравнения даёт значение $a = 1.0$ а. е. Это решение единственное (рис. 12):

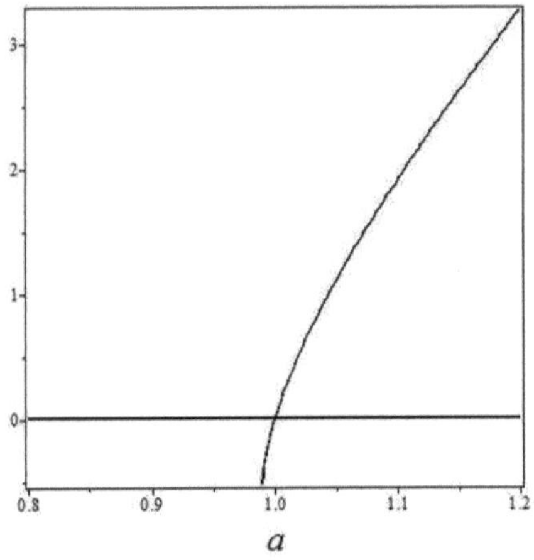

Рис. 12

§ 2.6. Решение уравнения для граничной прямолинейно-эллиптической траектории

Движение по граничной орбите означает, что значение большой полуоси a уже известно:

$$a = \frac{r_{max}}{2}. \qquad (2.6.1)$$

Рассмотрим выражение $\tau_{гр}$ через r_{min} и r_{max}:

$$\tau_{гр} = \frac{r_{max}^{3/2}}{\sqrt{2}} \arccos\sqrt{\frac{r_{min}}{r_{max}}} + \sqrt{\frac{r_{max} r_{min} (r_{max} - r_{min})}{2}}. \qquad (2.6.2)$$

Так как $r_{max} = \text{const} = 2a$, можно взять его в качестве единицы длины: $r_{max} = 1$. Выразим r_{min} в единицах r_{max} и получим новые величины $0 \le r_{min}^* \le 1$ и $\tau_{гр}^*$:

$$\tau_{гр}^* = \frac{1}{\sqrt{2}} \arccos\sqrt{r_{min}^*} + \sqrt{\frac{r_{min}^* (1 - r_{min}^*)}{2}}. \qquad (2.6.3)$$

Значение $\tau_{гр}^*$ убывает от $\frac{\pi}{2^{3/2}} \approx 1.11$ при $r_{min}^* = 0$ до 0 при $r_{min}^* = 1$ (рис. 13). Таким образом, максимальное значение $\Delta t_{гр}^*$, для $a = 1$ а. е., не превышает 65 суток ($\approx$ 64.5689) [5]. Это означает, что за такой промежуток времени происходит падение на Солнце тела, имеющего нулевую начальную скорость (т. е. находящегося в афелии) на расстоянии 1 а. е.

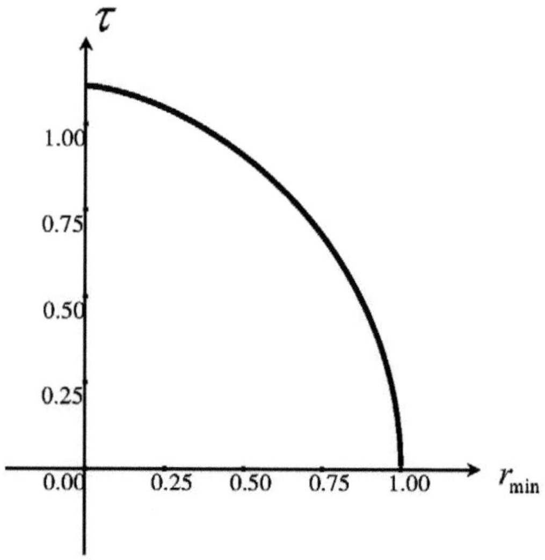

Рис. 13

Пример 2.6.1

1) Определим тип орбиты и большую полуось по данным, полученным в примере 2.1.2:
$t_1 = 0.0,$ $r_{max} = r_1 = 2.000000$ а. е.
$t_2 = 51.557776$ сут, $r_{min} = r_2 = 1.899999$ а. е.
2) Внесём поправки за аберрацию по (2.2.2): $t_1^0 = -0.009224$ сут, $t_2^0 = 51.55776 - 0.008666$ сут, $\Delta t_{21}^0 = 51.558633$ сут (далее используем Δt_{21} как Δt_{21}^0).
3) Вычислим $\tau = 0.886917$, вычислим по (2.6.2) $\tau_{гр} = 0.886921$. $\tau - \tau_{гр} = -4.3 \cdot 10^{-6}$, следовательно, орбиту (в пределах точности) можно считать граничной и $a = 1.0$ а. е.

§ 2.7. Решение уравнения для прямолинейно-эллиптической траектории первого рода

Уравнение для прямолинейно-эллиптической орбиты первого рода (2.4.7) незначительно отличается от уравнения (2.4.5) и по аналогии с ним может быть преобразовано к виду:

$$\arccos\left(\frac{a-r_{min}}{a}\right)-\arccos\left(\frac{a-r_{max}}{a}\right)-\frac{1}{a}\left[\sqrt{2ar_{min}-r_{min}^2}-\sqrt{2ar_{max}-r_{max}^2}\right]=\pm\tau a^{-3/2}. \qquad (2.7.1)$$

Здесь «+» в правой части соответствует движению от центра притяжения, а «–» к центру. Это является отличием от траектории второго рода, где движение всегда начинается в противоположную от центра сторону.

Пример 2.7.1

1) Определим тип орбиты и большую полуось по данным, полученным в примере 2.1.1:
$t_1 = 0.0,$ $r_{max} = r_1 = 3.000000$ а. е.
$t_2 = 78.450267$ сут, $r_{min} = r_2 = 2.000000$ а. е.
2) Внесём поправки за аберрацию по (2.2.2): $t_1^0 = -0.014526$ сут, $t_2^0 = 78.450267 - 0.0010141$ сут, $\Delta t_{21}^0 = 78.454653$ сут (далее используем Δt_{21} как Δt_{21}^0).
3) Вычислим $\tau = 1.349585$, вычислим по (2.6.2) $\tau_{гр} = 3.993468$ и по (2.4.3) $\tau_{пар} = 1.116156$, получим: $\tau_{пар} < \tau < \tau_{гр}$, следовательно, искомая орбита является прямолинейно-эллиптической первого рода.
4) Уравнение (2.7.1) примет вид:

$$\arccos\left(\frac{a-2}{a}\right)-\arccos\left(\frac{a-3}{a}\right)-\frac{1}{a}\left[\sqrt{4a-4}-\sqrt{6a-9}\right]+1.349509a^{-3/2}=0.$$

Решение уравнения даёт значение $a = 4.000962$ а. е. Это решение единственное (рис. 14), но имеется асимптотическое решение при $a \to \infty$:

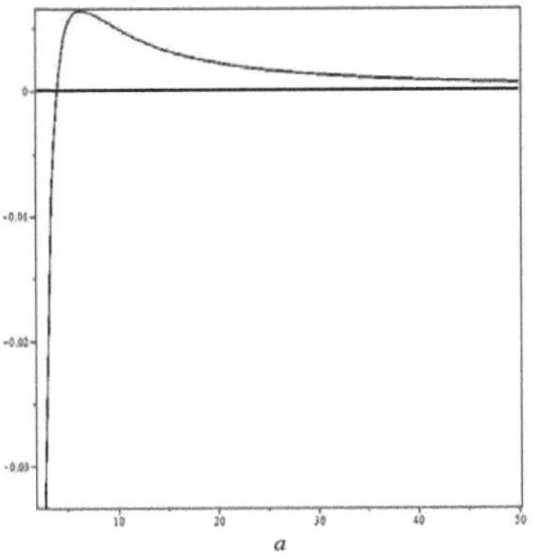

Рис. 14

§ 2.8. Случай прямолинейно-параболической орбиты

В случае, когда $\Delta t = \Delta t_{пар}$, нет необходимости решать какое-либо уравнение для нахождения большой полуоси a, т. к. $a = \infty$. Знание положений объекта в два момента времени на орбите достаточно, для определения направления движения и вычисления по формуле (2.4.3) положений в любые моменты времени. Уравнение (2.4.3) представляет собой теорему Эйлера для прямолинейного параболического движения.

Пример 2.8.1

1) Определим тип орбиты и большую полуось по данным, полученным в примере 2.1.4:

$t_1 = 0.0$, $r_{max} = r_1 = 3.000000$ а. е.

$t_2 = 64.879779$ сут, $r_{min} = r_2 = 1.999999$ а. е.

2) Внесём поправки за аберрацию по (2.2.2): $t_1^0 = -0.014526$ сут, $t_2^0 = 64.879779 - 0.009409$ сут, $\Delta t_{21}^0 = 64.884897$ сут (далее используем Δt_{21} как Δt_{21}^0).

3) Вычислим $\tau = 1.116156$, вычислим по (2.4.3) $\tau_{пар} = 1.116157$. $\tau - \tau_{пар} = -1.0 \cdot 10^{-6}$, следовательно, орбиту (в пределах точности) можно считать параболической и $a = \infty$.

§ 2.9. Решение уравнения для прямолинейно-гиперболической орбиты

Прямолинейно-гиперболическая орбита характеризуется отрицательным значением искомой величины большой полуоси a. Уравнение (2.4.8) легко приводится к виду:

$$\ln\left(\tilde{a} + r_{max} + \sqrt{r_{max}^2 + 2\tilde{a}r_{max}}\right) - \ln\left(\tilde{a} + r_{min} + \sqrt{r_{min}^2 + 2\tilde{a}r_{min}}\right) + \frac{1}{\tilde{a}}\left[\sqrt{r_{min}^2 + 2\tilde{a}r_{min}} - \sqrt{r_{max}^2 + 2\tilde{a}r_{max}}\right] = \pm\tau\tilde{a}^{-3/2}, \tag{2.9.1}$$

где $\tilde{a} = -a > 0$.

Уравнение (2.9.1) можно представить через гиперболический арккосинус:

$$\mathrm{Arcch}\left(\frac{\tilde{a} + r_{max}}{\tilde{a}}\right) - \mathrm{Arcch}\left(\frac{\tilde{a} + r_{min}}{\tilde{a}}\right) + \frac{1}{\tilde{a}}\left[\sqrt{r_{min}^2 + 2\tilde{a}r_{min}} - \sqrt{r_{max}^2 + 2\tilde{a}r_{max}}\right] = \pm\tau\tilde{a}^{-3/2}, \tag{2.9.2}$$

Пример 2.9.1

1) Определим тип орбиты и большую полуось по данным, полученным в примере 2.1.5:

$t_1 = 0.0$, $r_{max} = r_1 = 3.000000$ а. е.

$t_2 = 56.601548$ сут, $r_{min} = r_2 = 1.999999$ а. е.

2) Внесём поправки за аберрацию по (2.2.2): $t_1^0 = -0.014526$ сут, $t_2^0 = 56.601548 - 0.009046$ сут, $\Delta t_{21}^0 = 63.287207$ сут (далее используем Δt_{21} как Δt_{21}^0).

3) Вычислим $\tau = 0.973760$, вычислим по (2.6.2) $\tau_{гр} = 3.993469$ и по (2.4.3) $\tau_{пар} = 1.116157$, получим: $\tau < \tau_{пар} < \tau_{гр}$, следовательно, имеет место быть гиперболическая траектория.

4) Уравнение (2.9.1) примет вид:

$$\ln\left(\tilde{a} + 2.999999 + \sqrt{9.0 + 6.0\tilde{a}}\right) - \ln\left(\tilde{a} + 1.999999 + \sqrt{3.999996 + 3.999998\tilde{a}}\right) + \frac{1}{\tilde{a}}\left[\sqrt{3.999996 + 3.999998\tilde{a}} - \sqrt{9.0 + 6.0\tilde{a}}\right] + 0.973760\tilde{a}^{\left(-\frac{3}{2}\right)} = 0.$$

Решение уравнения даёт значение $\tilde{a} = 3.999969$ и $a = -3.999969$. Это решение единственное (рис. 15), но имеется асимптотическое решение при $\tilde{a} \to +\infty$:

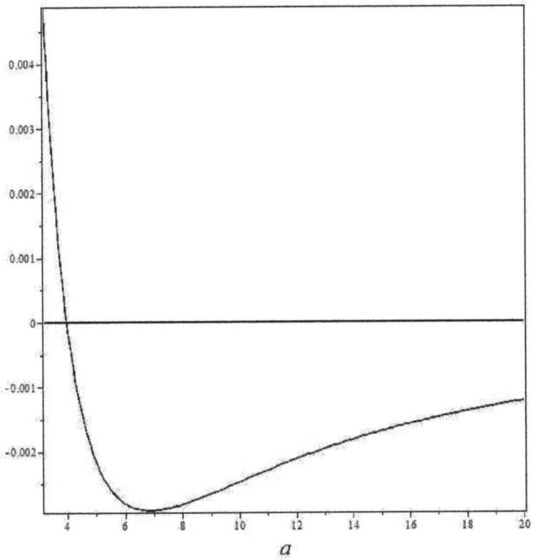

Рис. 15

§ 2.10. Универсальное уравнение Кеплера для прямолинейной орбиты

Если обобщить все случаи, рассмотренные в §§ 2.5–2.9, то можно записать уравнение движения по прямолинейной орбите с помощью функций Штумпфа c_1, c_2 и c_3 [15]. Функции c_n выражаются в виде бесконечных рядов:

$$c_n(x) = \sum_{m=0}^{\infty} \frac{(-x)^m}{(2m+n)!},\ (n = 0, 1, 2\ldots) \tag{2.10.1}$$

Нам придётся отказаться от обозначений $r_{\max}$ и $r_{\min}$, вместо которых будем использовать r_1 и r_2.

1) При движении по прямолинейно-эллиптической траектории второго рода:

$$\frac{2\pi}{k} a^{3/2} - \left(r_1 s_{21} c_1\left(\frac{k^2 s_{21}^2}{a}\right) + \frac{1}{k}\sqrt{2r_1 - \frac{r_1^2}{a}}\, s_{21}^2 c_2\left(\frac{k^2 s_{21}^2}{a}\right) + k^2 s_{21}^3 c_3\left(\frac{k^2 s_{21}^2}{a}\right) \right) = t_2 - t_1, \tag{2.10.2}$$

где $s_{21} = -\frac{1}{k}\left(\sqrt{2r_2 - \frac{r_2^2}{a}} + \sqrt{2ar_1 - \frac{r_1^2}{a}}\right) + \frac{t_2 - t_1}{a}$.

2) Во всех остальных случаях:

$$r_1 s_{21} c_1\left(\frac{k^2 s_{21}^2}{a}\right) \pm \frac{1}{k}\sqrt{2r_1 - \frac{r_1^2}{a}}\, s_{21}^2 c_2\left(\frac{k^2 s_{21}^2}{a}\right) + k^2 s_{21}^3 c_3\left(\frac{k^2 s_{21}^2}{a}\right) = t_2 - t_1, \tag{2.10.3}$$

где $s_{21} = \pm\frac{1}{k}\left(\sqrt{2r_2 - \frac{r_2^2}{a}} - \sqrt{2r_1 - \frac{r_1^2}{a}}\right) + \frac{t_2 - t_1}{a}$.

Здесь знак плюс соответствует движению от центра притяжения, а минус к центру.

Вместо большой полуоси «a» здесь удобнее использовать $h = -k^2/a$ — постоянную энергии орбиты. Тогда уравнение (2.10.2) примет вид:

$$-\frac{2\pi k^3}{h^{3/2}} - r_1 k s_{21} c_1\left(-hs_{21}^2\right) - \sqrt{2r_1k^2 + hr_1^2}\,ks_{21}^2 c_2\left(-hs_{21}^2\right) - k^3 s_{21}^3 c_3\left(-hs_{21}^2\right) = \tau_{21}, \quad (2.10.4)$$

где $s_{21} = -\frac{1}{k^2}\left(\sqrt{2k^2 r_2 + hr_2^2} + \sqrt{2k^2 r_1 + hr_1^2}\right) - \frac{h\tau_{21}}{k^3}.$

Уравнение (2.10.3) примет вид:

$$r_1 k s_{21} c_1\left(-hs_{21}^2\right) \pm \sqrt{2r_1k^2 + hr_1^2}\,ks_{21}^2 c_2\left(-hs_{21}^2\right) + k^3 s_{21}^3 c_3\left(-hs_{21}^2\right) = \tau_{21}, \quad (2.10.5)$$

где $s_{21} = \pm\frac{1}{k^2}\left(\sqrt{2r_2k^2 + hr_2^2} - \sqrt{2r_1k^2 + hr_1^2}\right) - \frac{h\tau_{21}}{k^3}.$

Другое универсальное уравнение было предложено Шефером [16], оно использует гипергеометрическую функцию [17]:

$$\sqrt{2}\sqrt{r_1 + 2\sqrt{r_1 r_2}\,(2x-1) + r_2}\left(\sqrt{r_1 r_2} + \frac{X(x)}{3}\left(r_1 + 2\sqrt{r_1 r_2}\,(2x-1) + r_2\right)\right) = \tau_{21}, \quad (2.10.6)$$

где $X(x) = F(1, 3, 5/2; x)$ — гипергеометрическая функция. Искомая переменная $x \in (-\infty,\ 1]$. Знак x определяет класс движения: $x < 0$ — гиперболический; $x = 0$ — параболический и $x > 0$ — эллиптический первого и второго рода. Большую полуось «a» можно выразить через x с помощью следующей формулы:

$$a = \frac{r_1 + 2\sqrt{r_1 r_2}\,(2x-1) + r_2}{8x(1-x)}. \quad (2.10.7)$$

В силу того, что гипергеометрический ряд функции $F(1, 3, 5/2; x)$ сходится только на интервале $[-1, 1]$, для прямолинейно-гиперболических орбит с $x \in (-\infty,\ -1)$ необходимо перейти от x к $x/(x-1)$. Тогда $F(1, 3, 5/2; x) = (1-x)^{-1}F(1,-1/2,5/2; x/(x-1))$:

$$\sqrt{2}\sqrt{r_1 + 2\sqrt{r_1 r_2}\,(2x-1) + r_2}\left(\sqrt{r_1 r_2} + \frac{Y(x)}{3(1-x)}\left(r_1 + 2\sqrt{r_1 r_2}\,(2x-1) + r_2\right)\right) = \tau_{21}, \quad (2.10.8)$$

где $Y(x) = F(1, -1/2, 5/2; x/(x-1))$ — гипергеометрическая функция.

Таким образом, все случаи прямолинейного движения можно свести к двум уравнениям, что будет полезно при определении орбит в плоскости эклиптики (см. Главу 4).

§ 2.11. Теорема Ламберта для прямолинейной орбиты

Другим способом обобщения всех видов прямолинейного движения является теорема Ламберта [5], которая для прямолинейных орбит примет следующий вид:

$$\sum_{i=0}^{\infty}\frac{(2(i-1)+1)!!}{(2i)!!(2i+3)2^{\frac{2i-1}{2}}a^{i}}\left(r_2^{\frac{2i+3}{2}}\pm r_1^{\frac{2i+3}{2}}\right)=\pm\tau_{21}. \tag{2.11.1}$$

Здесь первый член ($i = 0$) соответствует прямолинейно-параболическому случаю, рассмотренному в § 2.8, верхний знак справа соответствует движению от центра притяжения, а нижний — к центру.

Для прямолинейно-эллиптической орбиты второго рода необходимо внести изменения, как и в предыдущем параграфе:

$$2\pi a^{3/2}-\sum_{i=0}^{\infty}\frac{(2(i-1)+1)!!}{(2i)!!(2i+3)2^{\frac{2i-1}{2}}a^{i}}\left(r_2^{\frac{2i+3}{2}}+r_1^{\frac{2i+3}{2}}\right)=\tau_{21}. \tag{2.11.2}$$

Глава 3. Метод Лапласа

При малых промежутках времени между наблюдениями орбита может быть найдена методом Лапласа, основанном на соотношениях между вектором положения и его производными по времени. В этом методе положение тел фиксируется в начальный момент времени, и далее рассматриваются возможные варианты искомой орбиты с точки зрения дифференциальной геометрии. В силу того, что в общем случае вторая производная вектора положения объекта связана с его динамикой, этот метод можно называть динамическим.

В динамико-геометрическом методе в каждый момент времени t_i ($i = 1...n$ — число наблюдений) определены векторы положения центра притяжения и направления на объект. В методе Лапласа эти векторы также определены, но при решении явно будут использоваться их значения только в один из моментов времени t_*. Данные наблюдений в другие моменты времени будут использованы в качестве дифференциальных поправок к данным в выбранный момент времени t_*. Выражения для производных по времени для векторов можно представить с помощью формул численного дифференцирования 1-го порядка:

$$\dot{\mathbf{e}} = \frac{\mathbf{e}_2 - \mathbf{e}_1}{\Delta t_{21}},\ \dot{\mathbf{R}} = \frac{\mathbf{R}_2 - \mathbf{R}_1}{\Delta t_{21}}. \qquad (3.0.1)$$

В (3.0.1) в качестве t_* можно принять t_2, тогда мы будем рассматривать $\mathbf{e} = \mathbf{e}_2$ и $\mathbf{R} = \mathbf{R}_2$. В качестве искомого параметра, кроме $\rho = \rho_2$, можно использовать $\dot{\rho}$. Формулы (3.0.1) будут иметь тем меньшую погрешность, чем меньше будут промежутки времени между наблюдениями, поэтому метод Лапласа рассчитан на случай, когда наблюдения разделены малыми интервалами времени.

§ 3.1. Условия прямолинейности орбиты

Для метода Лапласа нельзя использовать ту же схему, что и для динамико-геометрического метода. Действительно, для близких наблюдений искомую орбиту нельзя определить как пересечение двух плоскостей — мы получаем пересечение на бесконечности. В этом случае необходимо иметь два независимых скалярных уравнения относительно двух переменных ρ и $\dot{\rho}$. Для этого дополним выражение для гелиоцентрического положения объекта (2.0.1) выражением для гелиоцентрической скорости, получаемым из (2.0.1) дифференцированием по времени:

$$\dot{\mathbf{r}} = \dot{\mathbf{e}}\rho + \mathbf{e}\dot{\rho} - \dot{\mathbf{R}}, \qquad (3.1.1)$$

где точками обозначены производные.

Для прямолинейной орбиты векторы положения и скорости объекта лежат на одной прямой и условие прямолинейности орбиты может быть записано как:

$$\mathbf{r} \times \dot{\mathbf{r}} = 0. \qquad (3.1.2)$$

Здесь мы имеем векторное уравнение относительно двух неизвестных ρ и $\dot{\rho}$. Подставим (2.0.1) и (3.1.1) в (3.1.2) и раскроем его относительно этих переменных:

$$(\mathbf{e}\times\dot{\mathbf{e}})\rho^2+\left[(\dot{\mathbf{e}}\times\mathbf{R})-(\mathbf{e}\times\dot{\mathbf{R}})\right]\rho+(\mathbf{e}\times\mathbf{R})\dot{\rho}+(\mathbf{R}\times\dot{\mathbf{R}})=0. \tag{3.1.3}$$

По аналогии с уравнением (2.1.13) умножим (3.1.3) скалярно на $\mathbf{e}$ и $\dot{\mathbf{e}}$ соответственно:

$$\left.\begin{aligned} \mathbf{e}(\dot{\mathbf{e}}\times\mathbf{R})\rho+\mathbf{e}(\mathbf{R}\times\dot{\mathbf{R}})=0,\\ -\dot{\mathbf{e}}(\mathbf{e}\times\dot{\mathbf{R}})\rho+\dot{\mathbf{e}}(\mathbf{e}\times\mathbf{R})\dot{\rho}+\dot{\mathbf{e}}(\mathbf{R}\times\dot{\mathbf{R}})=0.\end{aligned}\right\} \tag{3.1.4}$$

Из (3.1.4) получаем выражения для ρ и $\dot{\rho}$:

$$\left.\begin{aligned} \rho=-\frac{\mathbf{e}(\mathbf{R}\times\dot{\mathbf{R}})}{\mathbf{e}(\dot{\mathbf{e}}\times\mathbf{R})},\\ \dot{\rho}=\frac{\dot{\mathbf{e}}(\mathbf{e}\times\dot{\mathbf{R}})}{\dot{\mathbf{e}}(\mathbf{e}\times\mathbf{R})}\rho-\frac{\dot{\mathbf{e}}(\mathbf{R}\times\dot{\mathbf{R}})}{\dot{\mathbf{e}}(\mathbf{e}\times\mathbf{R})}.\end{aligned}\right\} \tag{3.1.5}$$

Для дальнейшего использования полученной орбиты, в частности, для вычисления эфемериды, необходимо исправить моменты наблюдения за планетную аберрацию по формуле (2.2.2). В методе Лапласа это сказывается только на эпохе, сам интервал времени между наблюдениями заметных изменений не претерпевает, поэтому в примерах этой главы и главы 5 мы эту редукцию использовать не будем.

<u>Пример 3.1.1</u>

1) Определим положение объекта по следующим начальным данным:

$t_1 = 0.0$, $\lambda_1 = 66.717°$, $\beta_1 = 57.504°$, $\xi_1 = 0.212358$, $\eta_1 = 0.493491$, $\zeta_1 = 0.843428$,
$X_1 = -0.965926$ а. е., $Y_1 = -0.258819$ а. е., $Z_1 = 0.0$.
$t_2 = 0.009005$ сут, $\lambda_2 = 67.714°$, $\beta_2 = 57.507°$, $\xi_2 = 0.212368$, $\eta_2 = 0.493444$, $\zeta_2 = 0.843453$,
$X_2 = -0.965886$ а. е., $Y_2 = -0.258969$ а. е., $Z_2 = 0.0$.

2) Подставим данные в первые две формулы (3.0.1): $\dot{\mathbf{e}} = \{0.001066, -0.005323, 0.002846\}$, $\dot{\mathbf{R}} = \{0.004454, -0.016616, 0.0\}$.

3) Вычислим величины: $(\mathbf{e}\times\dot{\mathbf{e}}) = \{0.005894, 0.000295, -0.001656\}$,
$(\mathbf{e}\times\mathbf{R}) = \{0.218428, -0.814679, 0.421613\}$,
$(\mathbf{e}\times\dot{\mathbf{R}}) = \{0.014015, 0.003757, -0.005726\}$,
$(\dot{\mathbf{e}}\times\mathbf{R}) = \{0.000737, -0.002749, -0.005417\}$.

4) Подставляем полученные значения в первую формулу (3.1.5): $\rho = 2.515202$ а. е.

5) Теперь можно определить $\dot{\rho}$ по второй формуле (3.1.5): $\dot{\rho} = 0.017797$.

<u>Пример 3.1.2</u>

1) Определим положение объекта по следующим начальным данным:

$t_1 = 0.0$, $\lambda_1 = 67.717°$, $\beta_1 = 57.504°$, $\xi_1 = 0.213358$, $\eta_1 = 0.493491$, $\zeta_1 = 0.843428$,
$X_1 = -0.965926$ а. е., $Y_1 = -0.258819$ а. е., $Z_1 = 0.0$.
$t_2 = 0.007119$ сут, $\lambda_2 = 66.715°$, $\beta_2 = 57.506°$, $\xi_2 = 0.212363$, $\eta_2 = 0.493453$, $\zeta_2 = 0.843449$,
$X_2 = 0.965894$ а. е., $Y_2 = -0.258937$ а. е., $Z_2 = 0.0$.

2) Подставим данные в первые две формулы (3.0.1): $\dot{\mathbf{e}} = \{0.000717, -0.000023, -0.001492\}$; $\dot{\mathbf{R}} = \{0.004453, -0.016616, 0.0\}$.

3) Вычислим величины: $(\mathbf{e}\times\dot{\mathbf{e}}) = \{0.005979, -0.000023, -0.001492\}$,
$(\mathbf{e}\times\mathbf{R}) = \{0.218400, -0.814682, -0.016616\}$,

$(\mathbf{e} \times \dot{\mathbf{R}}) = \{0.014015, 0.003756, -0.005726\}$,
$(\dot{\mathbf{e}} \times \mathbf{R}) = \{0.000765, -0.002854, -0.005362\}$.

4) Подставляем полученные значения в первую формулу (3.1.5): $\rho = 2.515202$ а. е.

5) Теперь можно определить $\dot{\rho}$ по второй формуле (3.1.5): $\dot{\rho} = -0.020590$.

Пример 3.1.3

1) Определим положение объекта по следующим начальным данным:

$t_1 = 0.0$, $\lambda_1 = 66.717°$, $\beta_1 = 57.504°$, $\xi_1 = 0.212358$, $\eta_1 = 0.493491$, $\zeta_1 = 0.843428$,
$X_1 = -0.965926$ а. е., $Y_1 = -0.258819$ а. е., $Z_1 = 0.0$.

$t_2 = 0.006071$ сут, $\lambda_2 = 66.715°$, $\beta_2 = 57.506°$, $\xi_2 = 0.212361$, $\eta_2 = 0.493459$, $\zeta_2 = 0.843446$,
$X_2 = -0.965869$ а. е., $Y_2 = -0.258920$ а. е., $Z_2 = 0.0$.

2) Подставим данные в первые две формулы (3.0.1): $\dot{\mathbf{e}} = \{0.000429, -0.005390, 0.003046\}$;
$\dot{\mathbf{R}} = \{0.004453, -0.016616, 0.0\}$.

3) Вычислим величины: $(\mathbf{e} \times \dot{\mathbf{e}}) = \{0.006049, 0.000285, -0.001356\}$,
$(\mathbf{e} \times \mathbf{R}) = \{0.218385, -0.814684, 0.421647\}$,
$(\mathbf{e} \times \dot{\mathbf{R}}) = \{0.014015, 0.003756, -0.005726\}$,
$(\dot{\mathbf{e}} \times \mathbf{R}) = \{0.000789, -0.002942, -0.005317\}$.

4) Подставляем полученные значения в первую формулу (3.1.5): $\rho = 2.515202$ а. е.

5) Теперь можно определить $\dot{\rho}$ по формулу (3.1.6): $\dot{\rho} = -0.022892$

§ 3.2. Анализ общего случая (неопределённый тип движения)

По полученным ρ и $\dot{\rho}$ находим с помощью (2.0.1) и (3.1.1) $\mathbf{r}$ и $\dot{\mathbf{r}}$. Таким образом, известно положение прямой, на которой лежит орбита. Остаётся только определить величину a — большую полуось и тип орбиты [13]:

$$\frac{1}{a} = \frac{2}{r} - \frac{\dot{r}^2}{k^2}, \tag{3.2.1}$$

где k — постоянная Гаусса.

Если $a > 0$, то орбита прямолинейно-эллиптическая; при $a = \infty$ — прямолинейно-параболическая; при $a < 0$ — прямолинейно-гиперболическая.

Пример 3.2.1

Продолжим вычисление примера 3.1.1

1) По $\rho_2 = 2.515202$ а. е. и $\dot{\rho} = -0.0177797$ находим $\mathbf{r} = \{1.500034, 1.500079, 2.121456\}$,
$r = 3.000152$ а. е.,
$\dot{\mathbf{r}} = \{-0.005553, -0.005553, -0.007853\}$,
$\dot{r} = 0.011105$ а. е./сут.

2) Затем определяем a по (3.2.1): $a = 4.000920$ а. е. > 0 — прямолинейно-эллиптический тип движения.

Пример 3.2.2

Продолжим вычисление примера 3.1.2

1) По $\rho_2 = 2.515202$ а. е. и $\dot{\rho} = -0.020590$ находим $\mathbf{r} = \{1.500031, 1.500072, 2.121444\}$,
$r = 3.0001139$ а. е.,
$\dot{\mathbf{r}} = \{-0.007024, -0.007024, -0.007853\}$,
$\dot{r} = 0.014048$ а. е./сут.

2) Затем определяем a по (3.2.1): $a^{-1} = -0.000240$ — прямолинейно-гиперболическая орбита, очень близкая к прямолинейно-параболическому типу движения.

Пример 3.2.3

Продолжим вычисление примера 3.1.3

1) По $\rho_2 = 2.515202$ а. е. и $\dot{\rho} = -0.022892$ находим $\mathbf{r} = \{1.500030, 1.500069, 2.121438\}$,

$r = 3.000132$ а. е.,

$\dot{\mathbf{r}} = \{-0.008236, -0.008236, -0.011648\}$,

$\dot{r} = 0.016473$.

2) Затем определяем a по (3.2.1): $a = -4.000044$ а. е. — прямолинейно-гиперболический тип движения.

Глава 4. Движение в плоскости эклиптики — динамический метод

Движение в плоскости эклиптики представляет собой частный случай прямолинейного движения, когда все векторы входящие в (2.1.1) лежат в одной плоскости. Наклон орбиты равен нулю и она определяется всего тремя элементами: a, Ω, и r_0. Так как наблюдатель и наблюдаемый объект находятся в одной плоскости, определить орбиту методом, описанным в главе 2, невозможно. Определить положение орбиты только из геометрических соображений нельзя — мы можем только ограничить сектор положения искомой орбиты, и поэтому необходимо привлечь информацию о промежутках времени между наблюдениями.

§ 4.1. Наложение ограничений на положение искомой орбиты

Главной особенностью прямолинейного движения, рассматриваемого в данной главе, является то, что искомая орбита и орбита Земли лежат в одной плоскости — плоскости эклиптики. Все векторы, определённые в главе 2, также лежат в одной плоскости, поэтому далее мы можем изобразить рис. 5 так, как это представлено на рис. 16:

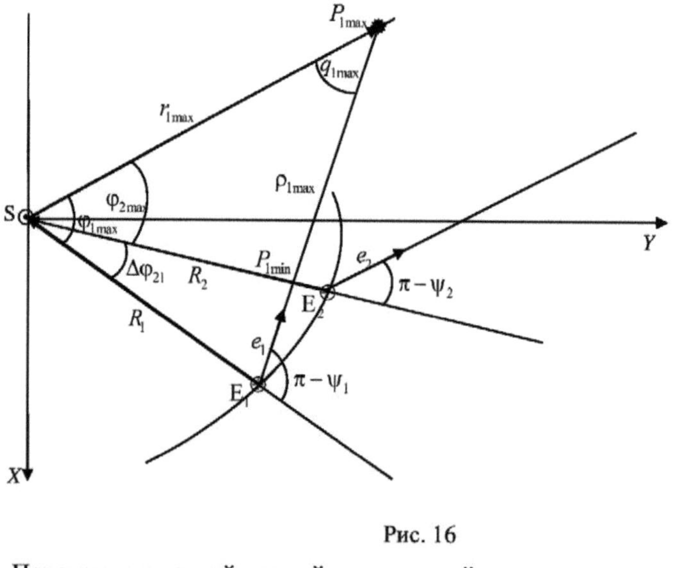

Рис. 16

Положение искомой прямой, проходящей через центр координат, на плоскости может определяться одним углом, отсчитываемым от некого направления, например, направления от Солнца на Землю в момент второго наблюдения. Главным ограничением на положение прямой является то, что она должна пересекаться с лучами, определяемыми векторами $\mathbf{e}_1$ и $\mathbf{e}_2$.

1) Пусть $\psi_2 > \psi_1+\Delta\varphi_{21}$ (в противном случае все рассуждения относительно первого и второго наблюдений нужно поменять местами). Это означает, что максимально возможный угол между радиус-вектором для второго наблюдения и прямой искомой орбиты $\varphi_{2max} = \pi - \psi_2$. При таком положении орбиты $\rho_{2max} = \infty$, а ρ_{1max} определяется расстоянием между E_1 и P_{1max}. Соответственно, минимальный угол будет равен нулю, и положение объекта для второго наблюдения будет совпадать с положением наблюдателя ($\rho_2 = 0$), а ρ_{1min} определяется расстоянием между E_1 и P_{1min}. Теперь определим границы возможного диапазона для ρ_1 в виде функций от начальных данных.

Для определения ρ_{1max} рассмотрим треугольник E_1, S, P_{1max}. В силу параллельности векторов $\mathbf{r}_1$ и $\mathbf{e}_2$:

$$\mathbf{r}_{1max} = \mathbf{e}_2\left|\mathbf{r}_{1max}\right| = \mathbf{e}_2 r_{1max}. \tag{4.1.1}$$

Умножим (4.1.1) на $\mathbf{e}_2$ и с учётом (2.1.1) получим:

$$r_{1max} = (\mathbf{e}_2\mathbf{r}_{1max}) = (\mathbf{e}_1\mathbf{e}_2)\rho_{1max} - (\mathbf{e}_2\mathbf{R}_1). \tag{4.1.2}$$

Возведём (4.1.2) в квадрат и слева подставим (2.1.1) в квадрате:

$$\rho_{1max}^2 - 2(\mathbf{e}_1\mathbf{R}_1)\rho_{1max} + R_1^2 = (\mathbf{e}_1\mathbf{e}_2)^2\rho_{1max}^2 - 2(\mathbf{e}_1\mathbf{e}_2)(\mathbf{e}_2\mathbf{R}_1)\rho_{1max} + (\mathbf{e}_2\mathbf{R}_1)^2. \tag{4.1.3}$$

После приведения подобных членов приходим к квадратному уравнению относительно ρ_{1max}:

$$(1-(\mathbf{e}_1\mathbf{e}_2)^2)\rho_{1max}^2 + 2((\mathbf{e}_1\mathbf{e}_2)(\mathbf{e}_2\mathbf{R}_1) - (\mathbf{e}_1\mathbf{R}_1))\rho_{1max} + R_1^2 - (\mathbf{e}_2\mathbf{R}_1)^2 = 0. \tag{4.1.4}$$

В итоге получаем выражение для ρ_{1max}:

$$\rho_{1max(1),1max(2)} = \frac{(\mathbf{e}_1\mathbf{R}_1) - (\mathbf{e}_1\mathbf{e}_2)(\mathbf{e}_2\mathbf{R}_1)}{1-(\mathbf{e}_1\mathbf{e}_2)^2} \pm$$
$$\pm\frac{\sqrt{R_2^2((\mathbf{e}_1\mathbf{e}_2)^2-1) - 2(\mathbf{e}_1\mathbf{e}_2)(\mathbf{e}_2\mathbf{R}_1)(\mathbf{e}_1\mathbf{R}_1) + (\mathbf{e}_2\mathbf{R}_1)^2 + (\mathbf{e}_1\mathbf{R}_1)^2}}{1-(\mathbf{e}_1\mathbf{e}_2)^2}. \tag{4.1.5}$$

Несмотря на то, что уравнение (4.1.5) имеет 2 корня, только один из них может быть положительным, а именно то выражение, которое даётся со знаком «+» перед вторым членом:

$$\rho_{1max} = \frac{(\mathbf{e}_1\mathbf{R}_1) - (\mathbf{e}_1\mathbf{e}_2)(\mathbf{e}_2\mathbf{R}_1)}{1-(\mathbf{e}_1\mathbf{e}_2)^2} + \frac{\sqrt{R_2^2((\mathbf{e}_1\mathbf{e}_2)^2-1) - 2(\mathbf{e}_1\mathbf{e}_2)(\mathbf{e}_2\mathbf{R}_1)(\mathbf{e}_1\mathbf{R}_1) + (\mathbf{e}_2\mathbf{R}_1)^2 + (\mathbf{e}_1\mathbf{R}_1)^2}}{1-(\mathbf{e}_1\mathbf{e}_2)^2}. \tag{4.1.6}$$

Теперь выясним, почему выражение со знаком « – » не может быть решением. Из условия о не отрицательности решения получим условие:

$$(\mathbf{e}_1\mathbf{e}_2)^2(1+(\mathbf{e}_2\mathbf{R}_1)^2) \geq (\mathbf{e}_2\mathbf{R}_1)^2 + R_1^2. \tag{4.1.7}$$

Оно выполнимо только в единственном случае, когда: $(\mathbf{e}_1\mathbf{e}_2) = 1$, т. е.

$$\psi_2 = \psi_1 + \Delta\varphi_{21}. \tag{4.1.8}$$

Условие (4.1.8) создаёт неопределённость в (4.1.5), а уравнение (4.1.4) превращается в линейное относительно ρ_{1max}:

$$\rho_{1max} = \frac{(\mathbf{e}_2\mathbf{R}_1) - R_1^2}{2((\mathbf{e}_1\mathbf{R}_1) - (\mathbf{e}_2\mathbf{R}_1))}. \qquad (4.1.9)$$

Как легко видеть из рис. 16, при $(\mathbf{e}_1\mathbf{e}_2) = 1$, $(\mathbf{e}_1\mathbf{R}_1) = (\mathbf{e}_2\mathbf{R}_2)$ и, следовательно, $\rho_{1max} = \infty$.

Теперь найдём выражение для ρ_{1min}. Для этого рассмотрим треугольник E_1, S, P_{1min}. Этот треугольник образован векторами $\mathbf{R}_1$, $\mathbf{R}_2$, $\mathbf{e}_1$, причём векторы $\mathbf{r}_{1min}$ и $\mathbf{R}_2$ лежат на одной прямой. Таким образом, векторное произведение $\mathbf{r}_{1min}$ и $\mathbf{R}_2$ будет равно нулю:

$$(\mathbf{r}_{1min} \times \mathbf{R}_2) = (\mathbf{e}_1 \times \mathbf{R}_2)\rho_{1min} - (\mathbf{R}_1 \times \mathbf{R}_2) = 0. \qquad (4.1.10)$$

Уравнение (4.1.10) имеет только 1 корень:

$$\rho_{1min} = \frac{X_1Y_2 - X_2Y_1}{e_{1x}Y_2 - e_{1y}X_2}. \qquad (4.1.11)$$

Это справедливо, если искомая орбита находится вне сектора наблюдений орбиты Земли.

2) В противном случае, если лучи зрения не пересекаются внутри сектора, мы получим следующую картину (Рис. 17):

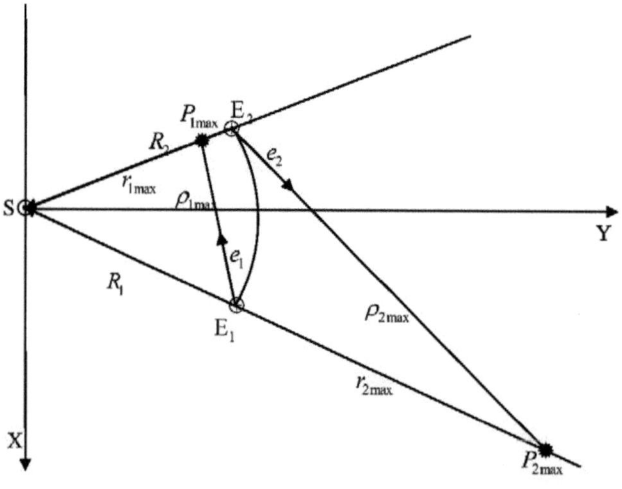

Рис. 17

Здесь расстояние до объекта варьируется в границах интервалов $[0, \rho_{1max}]$ и $[0, \rho_{2max}]$. Выражения для ρ_{1max} будет иметь вид (4.1.11), а для ρ_{2max} — аналогичный ему вид:

$$\rho_{2max} = \frac{X_2Y_1 - Y_2X_1}{e_{2x}Y_1 - e_{2y}X_1} = \frac{(\mathbf{R_2}\times\mathbf{R_1})_z}{(\mathbf{e_2}\times\mathbf{R_1})_z}. \qquad (4.1.12)$$

Теперь рассмотрим случай, когда прямые (E_1P_{1max}) и (E_2P_{2max}) пересекаются внутри сектора наблюдений, в точке $P_{гран.}$ (Рис. 18):

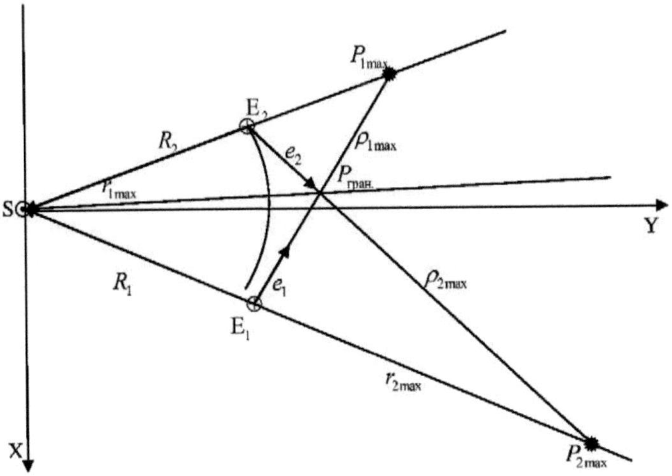

Рис. 18

Основное отличие от предыдущего случая здесь в том, что прямая $(S, P_{гран.})$ делит наш сектор на две области. Область, в которую входит $\Delta E_1P_{гран.}P_{2max}$, соответствует движению объекта от Солнца, в то время как область, в которую входит $\Delta E_2P_{гран.}P_{1max}$, соответствует движению объекта к Солнцу. Таким образом, при известном направлении движения область возможного положения искомой орбиты сужается.

Рассмотрим случай движения к Солнцу. Здесь расстояние до объекта варьируется в границах интервалов $[0,\rho_{1min}]$ и$[\rho_{2min},\rho_{2max}]$. Значение ρ_{2max} получим из (4.1.12). Теперь найдём выражение для ρ_{2min} из теоремы косинусов для $\Delta E_1E_2P_{гран.}$:

$$\rho_{1min}^2 + \rho_{2min}^2 - 2\rho_{1min}\rho_{2min}(\mathbf{e_1e_2}) + 2R_1R_2(\mathbf{R_1R_2}) - R_1^2 - R_2^2 = 0. \qquad (4.1.13)$$

Из $\Delta SE_1P_{гран.}$ и $\Delta SE_2P_{гран.}$ получим:

$$\mathbf{r}_{гран.} = \mathbf{e}_1\rho_{1min} - \mathbf{R}_1 = \mathbf{e}_2\rho_{2min} - \mathbf{R}_2. \qquad (4.1.14)$$

Умножим (4.1.14) скалярно на $\mathbf{e}_1$ и получим выражение для ρ_{1min}:

$$\rho_{1min} = (\mathbf{e_1e_2})\rho_{2min} - [(\mathbf{e}_1\mathbf{R}_2) + (\mathbf{e}_1\mathbf{R}_1)]. \qquad (4.1.15)$$

После подстановки (4.1.15) в (4.1.13) и приведения подобных членов получим:

$$[1-(\mathbf{e}_1\mathbf{e}_2)^2]\rho_{2\min}^2 + 2R_1R_2(\mathbf{R}_1\mathbf{R}_2) - R_1^2 - R_2^2 + [(\mathbf{e}_1\mathbf{R}_2)+(\mathbf{e}_1\mathbf{R}_1)]^2 = 0. \quad (4.1.16)$$

Отсюда легко найти выражение для $\rho_{2\min}$:

$$\rho_{2\min} = \sqrt{\frac{R_1^2 + R_2^2 - 2R_1R_2(\mathbf{R}_1\mathbf{R}_2) - [(\mathbf{e}_1\mathbf{R}_2)+(\mathbf{e}_1\mathbf{R}_1)]^2}{1-(\mathbf{e}_1\mathbf{e}_2)^2}}. \quad (4.1.17)$$

Выражение для $\rho_{1\min}$ получим по аналогии с (4.1.17):

$$\rho_{1\min} = \sqrt{\frac{R_1^2 + R_2^2 - 2R_1R_2(\mathbf{R}_1\mathbf{R}_2) - [(\mathbf{e}_2\mathbf{R}_2)+(\mathbf{e}_2\mathbf{R}_1)]^2}{1-(\mathbf{e}_1\mathbf{e}_2)^2}}. \quad (4.1.18)$$

Уравнения (4.1.17) и (4.1.18) имеют неопределённость при $(\mathbf{e}_1\mathbf{e}_2) = -1$, т. е. когда лучи зрения на объект наблюдения направлены противоположно друг другу, т. е. они лежат на одной прямой (E_1, E_2) и их точка пересечения $P_{\text{гран.}}$ не определена. Соответственно, максимальное расстояние до объекта будет равно расстоянию между точками E_1 и E_2:

$$\rho_{1\max} = \rho_{2\max} = \sqrt{(\mathbf{R}_2 - \mathbf{R}_1)^2}. \quad (4.1.19)$$

Рассмотрим случай движения от Солнца. Здесь расстояние до объекта варьируется в границах интервалов $[\rho_{1\min}, \rho_{1\max}]$ и $[0, \rho_{2\min}]$. Выражение для $\rho_{1\max}$ будет иметь вид (4.1.11).

Для числа наблюдений более двух получим комбинации из вышеприведённых случаев.

<u>Пример 4.1.1</u>

$t_1 = 0.0$, $\lambda_1 = 82.75°$, $\beta_1 = 0.0°$, $\xi_1 = -0.126224$, $\eta_1 = 0.992002$, $\zeta_1 = 0.0$,
$X_1 = -0.258819$ а. е., $Y_1 = -0.965926$ а. е., $Z_1 = 0.0$

$t_2 = 64.884896$ сут, $\lambda_2 = 63.93°$, $\beta_2 = 0.0°$, $\xi_2 = -0.439401$, $\eta_2 = 0.898291$, $\zeta_2 = 0.0$,
$X_2 = -0.579745$ а. е., $Y_2 = -0.814798$ а. е., $Z_2 = 0.0$.

$\psi_1 = 157.75°$, $\psi_2 = 118.50°$, $\Delta\varphi_{21} = 20.43°$. Таким образом, выполняется условие $\psi_1 > \psi_2 + \Delta\varphi_{21}$ и мы можем вычислить $\rho_{2\max}$ из (4.1.6) и $\rho_{2\min}$ из (4.1.11): $\rho_{2\max} = 2.102178$ а. е., $\rho_{2\min} = 0.531424$ а. е.

§ 4.2. Условие коллинеарности векторов положения объекта (движение в плоскости эклиптики)

В § 2.3 была рассмотрена связь между двумя геоцентрическими расстояниями посредством условия коллинеарности векторов положения объекта. В случае движения в плоскости эклиптики это условие будет полезно для нахождения всех неизвестных при определении орбиты. Однако использование уравнения (2.3.1) в данном случае представляется нецелесообразным, достаточно рассмотреть условие коллинеарности векторов $\mathbf{r}_i$ и $\mathbf{r}_j$:

$$(\mathbf{r}_1 \times \mathbf{r}_2) = 0. \quad (4.2.1)$$

Векторное уравнение (4.2.1), в силу того, что оба вектора лежат в плоскости XY, имеет только одну нетривиальную компоненту:

$$r_{1x}\, r_{2y} - r_{2x}\, r_{1y} = 0. \quad (4.2.2)$$

Подставим (2.1.1) в (4.2.2):

$$A_2\,\rho_1\,\rho_2 + B_2\,\rho_1 + C_2\,\rho_2 + \mathrm{D}_2 = 0, \tag{4.2.3}$$

где

$$A_2 = e_{1x}e_{2y} - e_{1y}e_{2x},\ B_2 = e_{1y}X_2 - e_{1x}Y_2,\ C_2 = e_{2x}Y_1 - e_{2y}X_1,\ D_2 = X_1Y_2 - Y_1X_2. \tag{4.2.4}$$

Уравнение (4.2.3) имеет только один корень для ρ_1:

$$\rho_1 = -\frac{C_2\rho_2 + D_2}{A_2\rho_2 + B_2} = -\frac{(\mathbf{e_2}\times\mathbf{R_1})_z\,\rho_2 + (\mathbf{R_1}\times\mathbf{R_2})_z}{(\mathbf{e_1}\times\mathbf{e_2})_z\,\rho_2 - (\mathbf{e_1}\times\mathbf{R_2})_z}. \tag{4.2.5}$$

Аналогично найдём выражение для ρ_2 относительно ρ_1:

$$\rho_2 = -\frac{B_2\rho_1 + D_2}{A_2\rho_1 + C_2} = \frac{(\mathbf{e_1}\times\mathbf{R_2})_z\,\rho_1 - (\mathbf{R_1}\times\mathbf{R_2})_z}{(\mathbf{e_1}\times\mathbf{e_2})_z\,\rho_1 + (\mathbf{e_2}\times\mathbf{R_1})_z}. \tag{4.2.6}$$

Уравнения (4.2.5) и (4.2.6) определяют дробно-линейные соотношения между двумя расстояниями от наблюдателя до объекта *для любых прямолинейных орбит, лежащих в плоскости эклиптики*.

Уравнение (4.2.3) представляет собой сечение гиперболического параболоида плоскостью. В результате мы получаем равнобочную гиперболу с асимптотами, параллельными осям ρ_1 и ρ_2 (рис. 19). Точкой пересечения асимптот (центром гиперболы) будет точка с координатами:

$$\left(-\frac{e_{2x}Y_1 - e_{2y}X_1}{e_{1x}e_{2y} - e_{1y}e_{2x}}, -\frac{e_{1y}X_2 - e_{1x}Y_2}{e_{1x}e_{2y} - e_{1y}e_{2x}}\right) = \left(-\frac{(\mathbf{e_2}\times\mathbf{R_1})_z}{(\mathbf{e_1}\times\mathbf{e_2})_z}, -\frac{(\mathbf{e_1}\times\mathbf{R_2})_z}{(\mathbf{e_1}\times\mathbf{e_2})_z}\right). \tag{4.2.7}$$

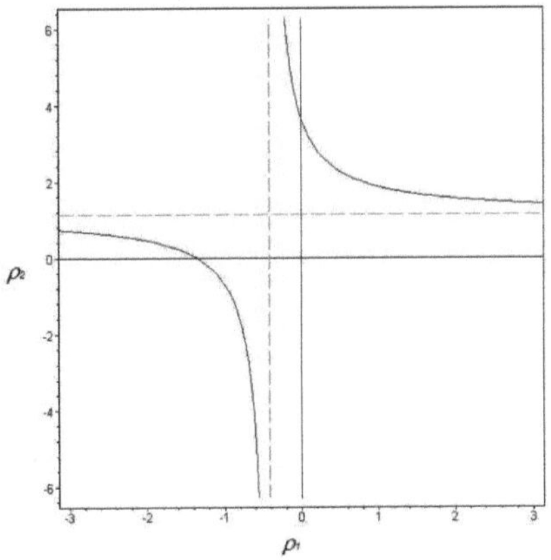

Рис. 19

§ 4.3. Случаи наблюдений эклиптического движения на линии Земля-Солнце

Рассмотрим особые случаи расположения наблюдаемого объекта относительно Земли и Солнца.

Наблюдаемый объект в первый момент времени находится между Землёй и Солнцем, т. е. $\mathbf{e}_1 = \mathbf{R}_1$. Уравнение (4.2.6) принимает вид:

$$\rho_2 = \frac{D_2}{C_2} = \frac{(\mathbf{R}_1 \times \mathbf{R}_2)_z}{(\mathbf{R}_1 \times \mathbf{e}_2)_z}. \qquad (4.3.1)$$

Наблюдаемый объект во второй момент времени находится между Землёй и Солнцем, т. е. $\mathbf{e}_2 = \mathbf{R}_2$. Уравнение (4.2.5) принимает вид:

$$\rho_1 = -\frac{D_2}{B_2} = \frac{(\mathbf{R}_1 \times \mathbf{R}_2)_z}{(\mathbf{e}_1 \times \mathbf{R}_2)_z}. \qquad (4.3.2)$$

Наблюдаемый объект в первый момент времени находится в оппозиции к Земле, т. е. $\mathbf{e}_1 = -\mathbf{R}_1$. Уравнение (4.2.6) принимает вид:

$$\rho_2 = -\frac{D_2}{A_2} = -\frac{(\mathbf{R}_1 \times \mathbf{R}_2)_z}{(\mathbf{e}_2 \times \mathbf{R}_1)_z}. \qquad (4.3.3)$$

Наблюдаемый объект во второй момент времени находится в оппозиции к Земле, т. е. $\mathbf{e}_2 = -\mathbf{R}_2$. Уравнение (4.2.5) принимает вид:

$$\rho_1 = -\frac{D_2}{A_2} = -\frac{(\mathbf{R}_1 \times \mathbf{R}_2)_z}{(\mathbf{R}_2 \times \mathbf{e}_1)_z}. \qquad (4.3.4)$$

Во всех вышеперечисленных случаях положение прямой линии, на которой лежит искомая орбита, определяется сразу, но положение тела на орбите можно найти только по наблюдениям из формул (4.3.1) — (4.3.4). Этого достаточно для определения прямолинейно-параболической и граничной прямолинейно-эллиптической орбит. Однако этого недостаточно для определения прямолинейно-эллиптической или прямолинейно-гиперболической орбит, когда необходимо третье наблюдение, причём такое, что наблюдатель не будет находиться на найденной прямой. В случаях (4.3.2) и (4.3.4) возможно определение граничной орбиты без привлечения третьего наблюдения.

Через положения Земли, Солнца и наблюдаемого объекта в оба момента времени можно провести прямую, содержащую орбиту объекта. По времени эти наблюдения должны быть разделены интервалами, кратными времени полуоборота Земли вокруг Солнца, для них $\mathbf{e}_2 = \pm\mathbf{e}_1$. Это представляет собой вырождение плоского случая в линейный. В этом случае мы можем определить по двум наблюдениям только прямую линию, на которой лежит орбита[2]. Для того

---

[2] Данные рассуждения основываются только на геометрических построениях. Практические трудности «наблюдений сквозь Солнце», здесь в расчёт не принимаются. Здесь и далее Солнце рассматривается как точечный объект.

чтобы определить тип орбиты, необходимо привлечение ещё двух наблюдений, несовпадающих с искомой прямой (для вышеупомянутых случаев параболической и граничной орбит — достаточно одного наблюдения).

В случае если хотя бы в одном из уравнений (2.1.1) векторы **r**, **e** и **R** являются коллинеарными, то его достаточно для определения прямой, которой принадлежит орбита, но для определения типа движения необходимо привлечь два дополнительных уравнения (2.1.0), содержащих неколлинеарные векторы.

§ 4.4. Движение по прямолинейно-параболической орбите

Теперь рассмотрим движение по прямолинейной параболической орбите в плоскости эклиптики. Большая полуось $a = \infty$ и орбита определяется всего двумя элементами Ω и r_0. Это обычная система полярных координат. Так как каждое наблюдение даёт нам только одну угловую координату λ (β=0), то достаточно двух наблюдений. Подставим (2.1.1) в уравнение Эйлера (1.14.4) и получим динамическое соотношение между двумя геоцентрическими расстояниями:

$$(\rho_2^2 - 2(\mathbf{e_2 R_2})\rho_2 + R_2^2)^{3/4} - (\rho_1^2 - 2(\mathbf{e}_1\mathbf{R}_1)\rho_1 + R_1^2)^{3/4} = \pm\frac{3\tau_{21}}{\sqrt{2}}. \qquad (4.4.1)$$

В правой части (4.4.1) знак «+» соответствует движению от центра, знак «–» движению к центру притяжения. Уравнения (4.2.5) и (4.4.1) образуют систему для нахождения ρ_1 и ρ_2. После подстановки (4.2.5) в (4.4.1) и избавления от радикалов путём двукратного возведения в четвёртую степень и после этого во вторую, мы получим полином 96-ой степени относительно ρ_2.

Рассмотрим вопрос о возможном количестве корней уравнения (4.4.1). В силу того, что искомая переменная ρ вещественная и положительная, нас будут интересовать только такие корни.

Одной из задач, связанных с числом решений, является вопрос о непрерывности области определения ρ_2. Для этого рассмотрим положение горизонтальной асимптоты гиперболы на рис. 19 относительно оси ρ_1. Нас будет интересовать область $-\dfrac{e_{1y}X_2 - e_{1x}Y_2}{e_{1x}e_{2y} - e_{1y}e_{2x}} > 0$. В этой области асимптота будет находиться над осью ρ_1 и область диапазона решений для ρ_2 будет иметь особую точку. В плоскости эклиптики проведём ось X через положение наблюдателя во время второго наблюдения и определим его координаты как (1; 0). Положение наблюдателя во время первого наблюдения будем отсчитывать от этой оси в направлении по часовой стрелке. Затем рассмотрим всевозможные варианты положения наблюдаемого тела, движущегося по прямолинейной параболической орбите к Солнцу, в момент второго наблюдения для разных интервалов времени между наблюдениями (рис. 20).

Δt = 1 сут

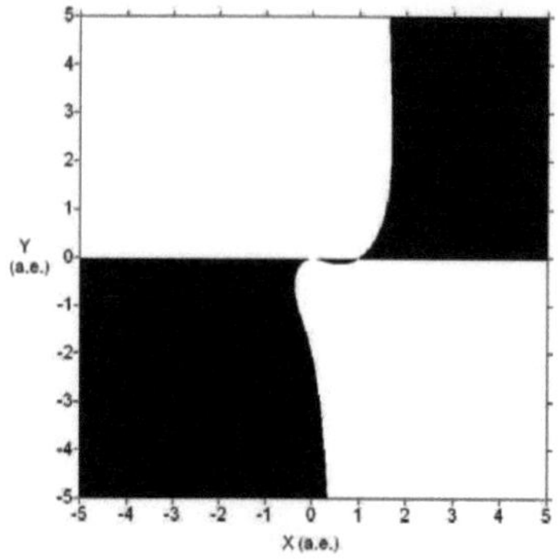

Рис. 20a

Δt = 45.65 сут

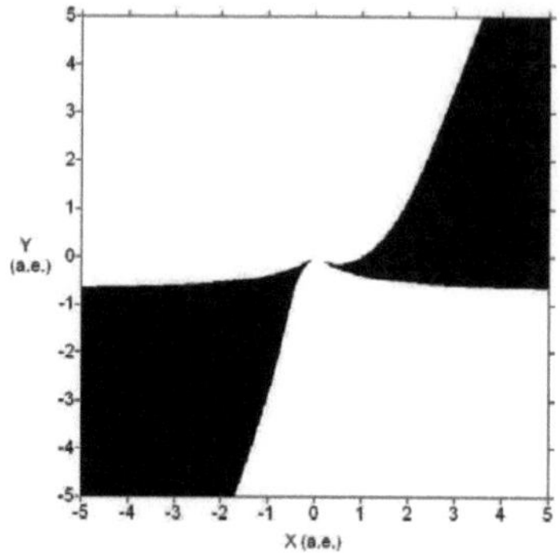

Рис. 20b

Δt = 91.31 сут

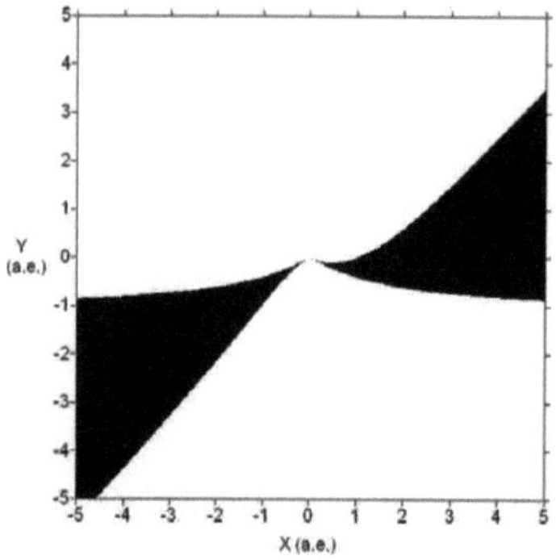

Рис. 20c

Δt = 136.96 сут

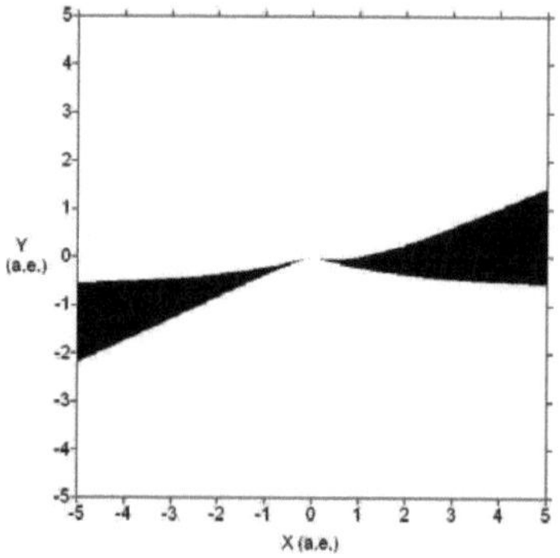

Рис. 20d

Δt = 228.13 сут

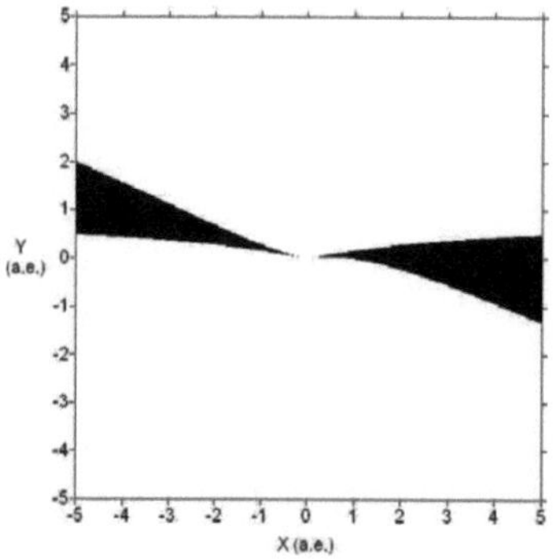

Рис. 20e

Δt = 273.93 сут

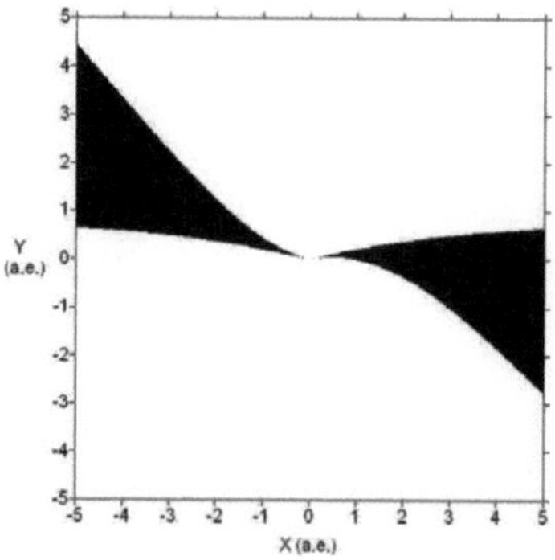

Рис. 20f

Δt = 319.58 сут

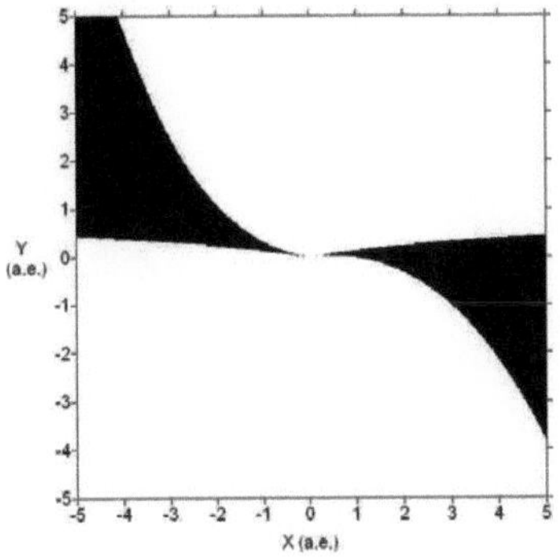

Рис. 20g

Δt = 405 сут

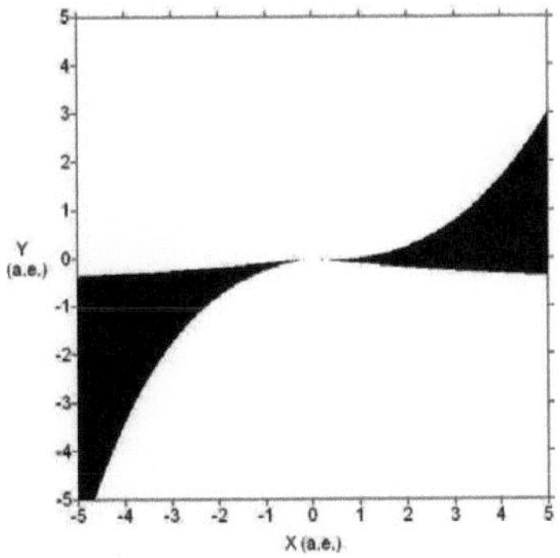

Рис. 20h

На рис. 20*a*–*b*, тёмная область указывает на наличие особой точки. При $\Delta t = 182.62$ сут и $\Delta t = 365.24$ сут, когда наблюдатель находится на оси X, особая точка будет присутствовать во всех случаях без исключения.

Теперь рассмотрим при тех же условиях области возможного числа решений для уравнения (4.4.1):

Δt = 1 сут

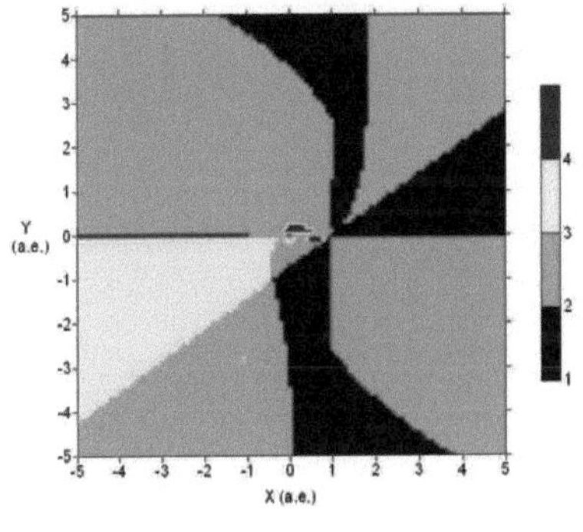

Рис. 21a

Δt = 45.65 сут

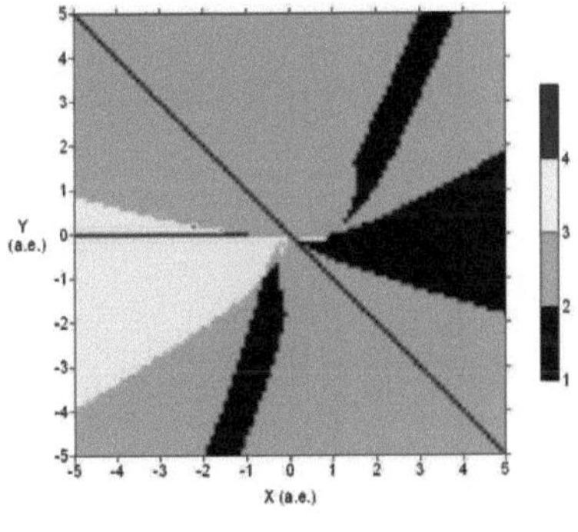

Рис. 21b

Δt = 91.31 сут

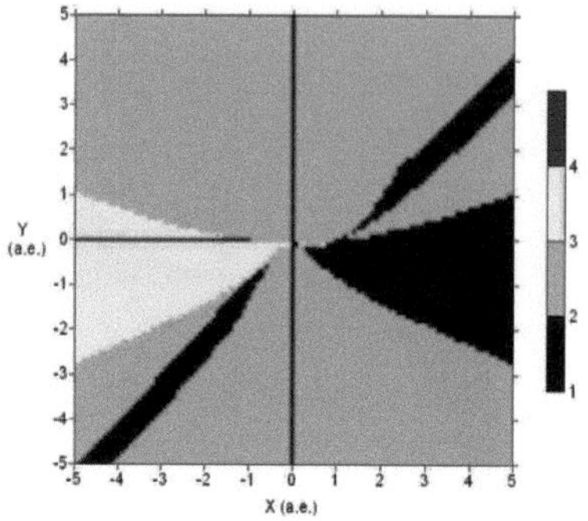

Рис. 21c

Δt = 136.96 сут

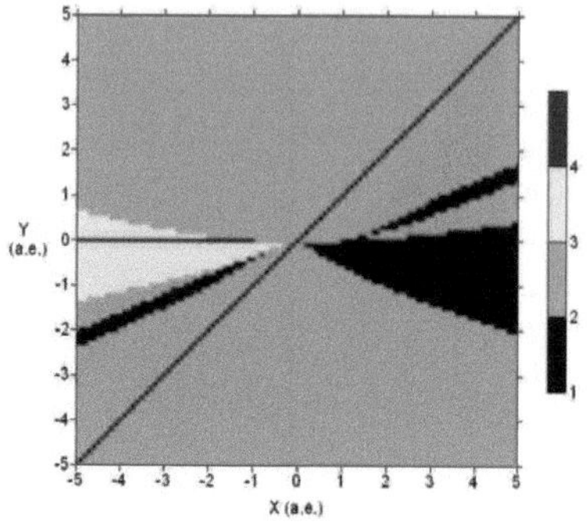

Рис. 21d

Δt = 228.13 сут

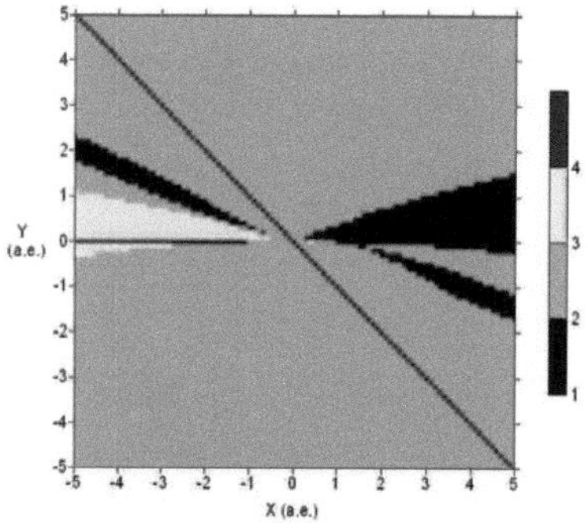

Рис. 21e

Δt = 273.93 сут

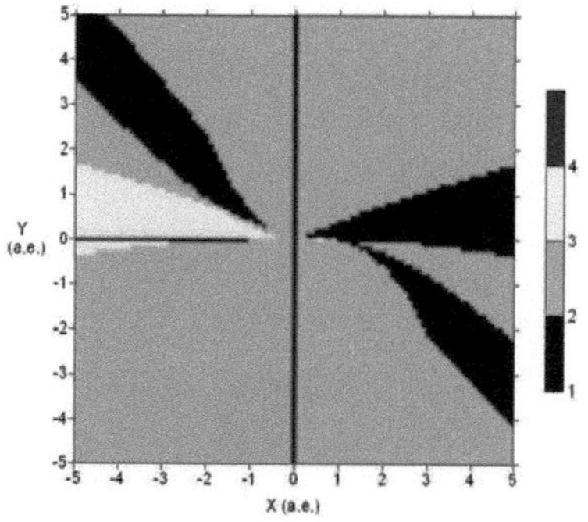

Рис. 21f

Δt = 319.58 сут

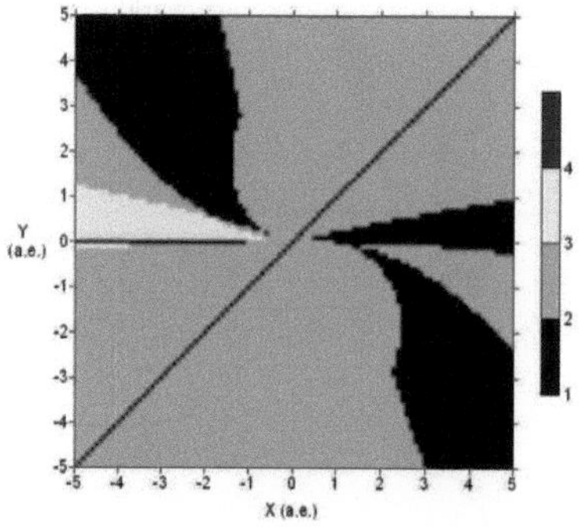

Рис. 21g

Δt = 405 сут

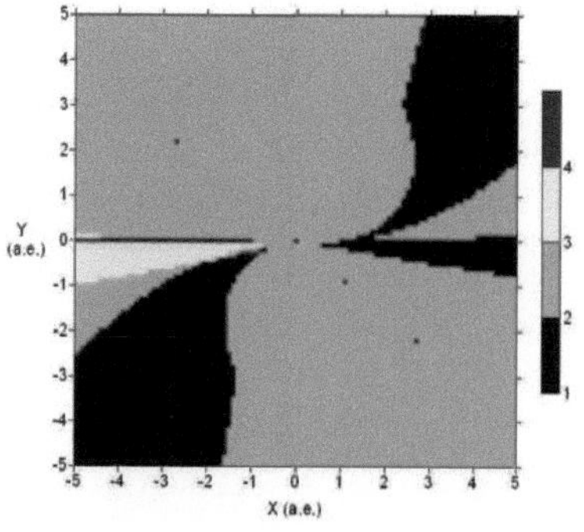

Рис. 21h

Анализ рис. 21*a-h* показывает, что наиболее распространён случай двух решений, он встречается наибольшее число раз при интервале времени между наблюдениями, близком к времени оборота и полуоборота Земли вокруг Солнца (вся плоскость, кроме оси *X*, где решение не определено). На втором месте — «одно решение» — оно встречается чаще при малых интервалах времени (см. рис. 21a) и занимает два сектора: сектор оппозиции ко второму наблюдению и симметричный ему сектор за Солнцем. Третье место по частоте занимают случаи «трёх решений». Область таких решений располагается «за Солнцем» и может быть представлена как в виде целого сектора, так и двух его частей. Наиболее редко встречающийся вариант «четырёх решений» возможен только при малых интервалах времени между наблюдениями и сходит на нет при $\Delta t > 90$ сут (см. рис. 21c). Границы между областями решений во многом определяются границами областей непрерывности ρ_2 (рис. 20). Прямые единственных решений представляют собой случаи, описанные в § 4.3.

Пример 4.4.1

1) Имеем следующие данные наблюдений объекта в плоскости эклиптики (Пример 4.1.1):

$t_1 = 0.0$, $\lambda_1 = 82.75°$, $\beta_1 = 0.0°$, $\xi_1 = -0.126224$, $\eta_1 = 0.992002$, $\zeta_1 = 0.0$,
$X_1 = -0.258819$ а. е., $Y_1 = -0.965926$ а. е., $Z_1 = 0.0$

$t_2 = 64.884896$ сут, $\lambda_2 = 63.93°$, $\beta_2 = 0.0°$, $\xi_2 = -0.439401$, $\eta_2 = 0.898291$, $\zeta_2 = 0.0$,
$X_2 = -0.579745$, $Y_2 = -0.814798$, $Z_2 = 0.0$.

2) Подставим данные в формулы (4.2.3): $A_2 = 0.322501$, $B_2 = 0.677955$, $C_2 = 0.656923$, $D_2 = 0.349105$. Найдём по (1.14.5) $\tau_{21} = 1.116156$.

3) Так как выполняется условие $\psi_1 > \psi_2 + \Delta\varphi_{21}$ (см. Пример 4.1.1), то имеет смысл подставить полученные значения в (4.2.4). Затем полученное выражение для ρ_1 подставляем в (4.3.1) (рассматриваем движение к центру притяжения, поэтому справа знак «–»).

4) Решая (4.3.1) относительно ρ_2 на интервале [0.531424, 2.102178], получим $\rho_2 = 1.319397$ а. е. Это решение единственное (рис. 22):

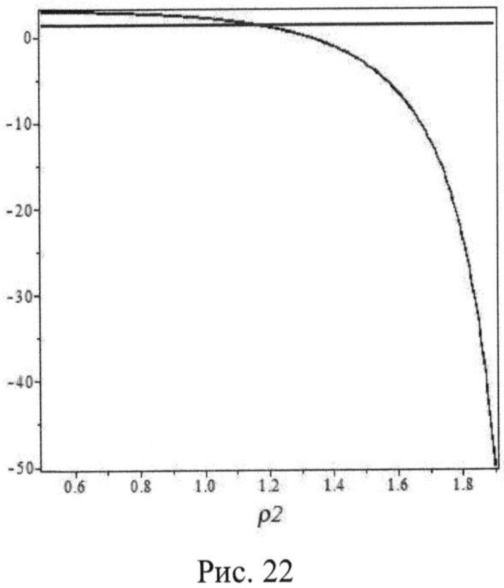

Рис. 22

5) Теперь можно определить ρ_1 по формуле (4.2.4): $\rho_1 = 2.05474$ а. е.

6) Используя уравнения (2.1.1), получим $r_1 = 3.000000$ а. е., $r_2 = 2.000000$ а. е.

§ 4.5. Движение по прямолинейно-эллиптической орбите (граничная траектория)

Пусть первое наблюдение соответствует положению объекта в афелии (рис. 10), т. е.

$$a = \frac{r_1}{2}. \qquad (4.5.1)$$

Как и в предыдущем случае, здесь можно ограничиться двумя наблюдениями.

Уравнение (2.6.2) после подстановки (2.1.1), можно представить в следующем виде:

$$\begin{gathered}(\rho_1^2 - 2(\mathbf{e}_1\mathbf{R}_1)\rho_1 + R_1^2)^{3/4} \arccos\left(\left(\frac{\rho_2^2 - 2(\mathbf{e_2R_2})\rho_2 + R_2^2}{\rho_1^2 - 2(\mathbf{e}_1\mathbf{R}_1)\rho_1 + R_1^2}\right)^{1/4}\right) + (\rho_1^2 - 2(\mathbf{e}_1\mathbf{R}_1)\rho_1 + R_1^2)^{1/4}\cdot \\ \cdot(\rho_2^2 - 2(\mathbf{e_2R_2})\rho_2 + R_2^2)^{1/4}\sqrt{\sqrt{\rho_1^2 - 2(\mathbf{e}_1\mathbf{R}_1)\rho_1 + R_1^2} - \sqrt{\rho_2^2 - 2(\mathbf{e_2R_2})\rho_2 + R_2^2}} = \sqrt{2}\tau_{21}.\end{gathered} \qquad (4.5.2)$$

После подстановки (4.2.5) в (4.5.2), получим трансцендентное уравнение относительно одной переменной ρ_2. Здесь стоит обратить внимание на подкоренное выражение в виде разности двух корней в последнем члене (4.5.2). Эта разность должна быть неотрицательной, что накладывает ограничения на возможный интервал для ρ_2:

$$\sqrt{\left(\frac{C_2\rho_2 + D_2}{A_2\rho_2 + B_2}\right)^2 + 2(\mathbf{e}_1\mathbf{R}_1)\left(\frac{C_2\rho_2 + D_2}{A_2\rho_2 + B_2}\right) + R_1^2} - \sqrt{\rho_2^2 - 2(\mathbf{e_2R_2})\rho_2 + R_2^2} \ge 0. \qquad (4.5.3)$$

Следует отметить, что условие (4.5.3) относится также к выражению под знаком *arccos*. Перенос второго члена (4.5.3) вправо и возведение выражения в квадрат позволят нам после приведения к общему знаменателю правой части перейти к неравенству четвёртой степени относительно ρ_2:

$$A_3\rho_2^4 + B_3\rho_2^3 + C_3\rho_2^2 + D_3\rho_2 + E_3 \ge 0, \qquad (4.5.4)$$

где

$$\left.\begin{aligned} &A_3 = -A_2^2,\ B_3 = 2\left(A_2^2(\mathbf{e_2R_2}) - A_2B_2\right), \\ &C_3 = \left(C_2^2 - B_2^2\right) + 2A_2\left(C_2(\mathbf{e}_1\mathbf{R}_1) + 2B_2(\mathbf{e_2R_2})\right) + A_2^2\left(R_1^2 - R_2^2\right), \\ &D_3 = 2C_2D_2 + 2(C_2B_2 + A_2D_2)(\mathbf{e}_1\mathbf{R}_1) + 2B_2^2(\mathbf{e_2R_2}) + 2A_2B_2(R_1^2 - R_2^2), \\ &E_3 = D_2^2 + 2B_2D_2(\mathbf{e}_1\mathbf{R}_1) + B_2^2(R_1^2 - R_2^2). \end{aligned}\right\} \qquad (4.5.5)$$

Уравнение (4.5.4) (при строгом равенстве нулю) может иметь от одного до двух положительных корней для ρ_2, т. е. интервал возможных значений может иметь один из четырёх следующих вариантов, которые далее на рис. 23*a-j* обозначены числами от 1 до 4:

1) $[0, \rho_{2\max}]$;
2) $[\rho_{2\min}, \infty)$;
3) $[0, \rho_{2\max\_(1)}]$ и $[\rho_{2\min\_(2)}, \infty)$;
4) $[\rho_{2\min\_(1)}, \rho_{2\max\_(2)}]$:

Δt = 1 сут

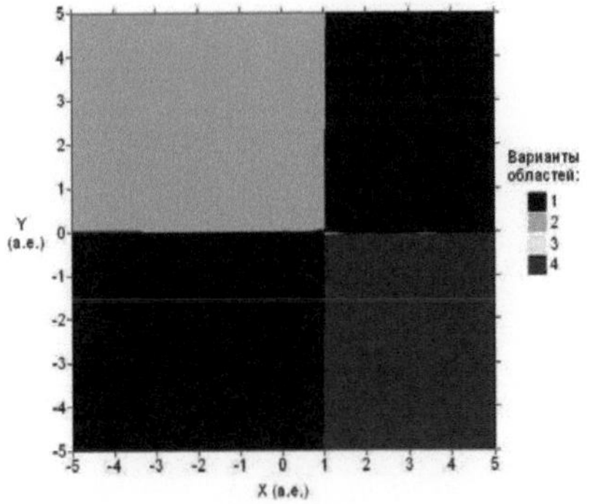

Рис. 23a

Δt = 45.65 сут

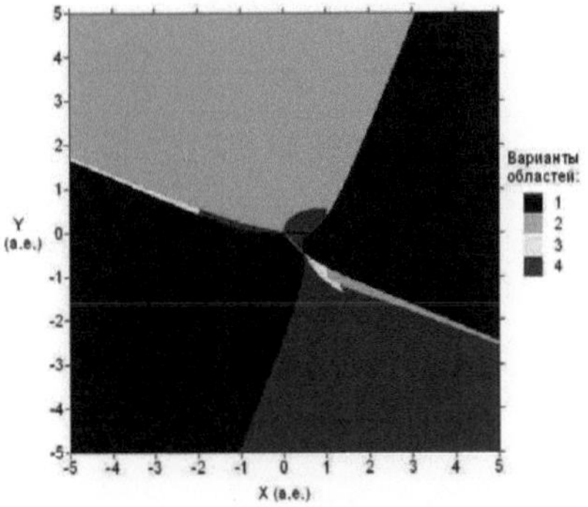

Рис. 23b

Δt = 91.31 сут

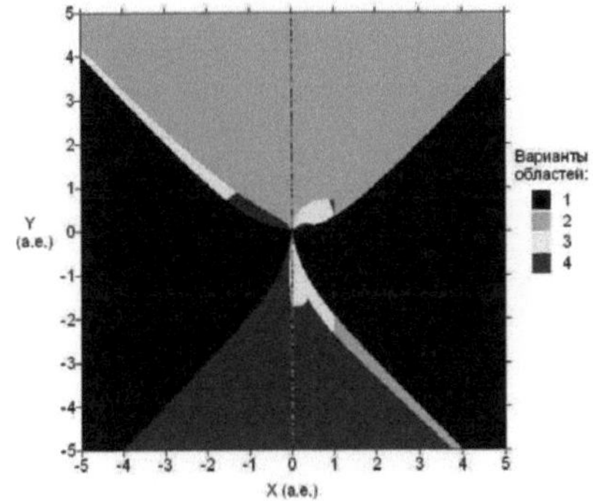

Рис. 23c

Δt = 136.96 сут

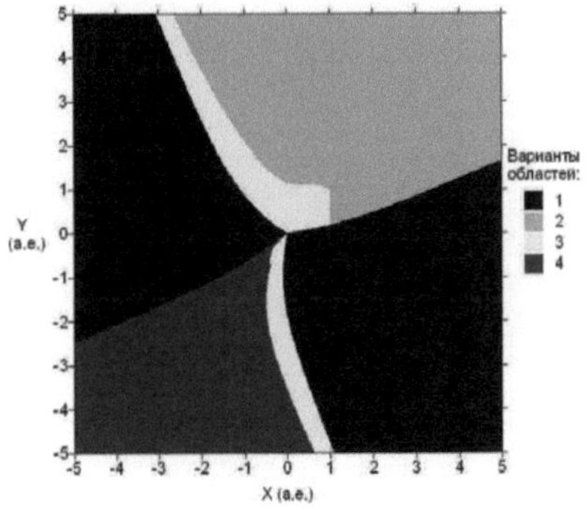

Рис. 23d

Δt = 182.62 сут

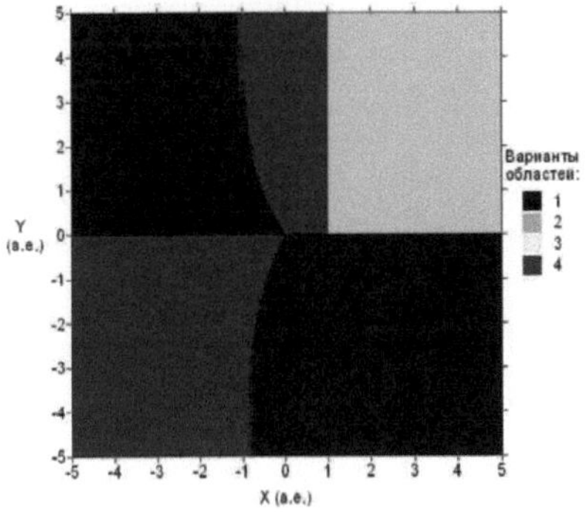

Рис. 23e

Δt = 228.13 сут

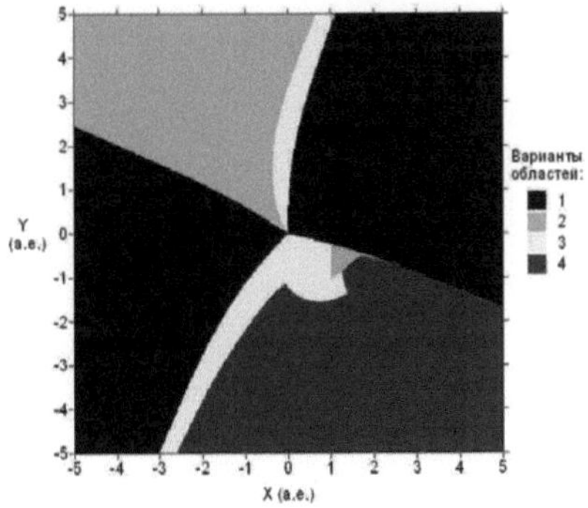

Рис. 23f

Δt = 273.93 сут

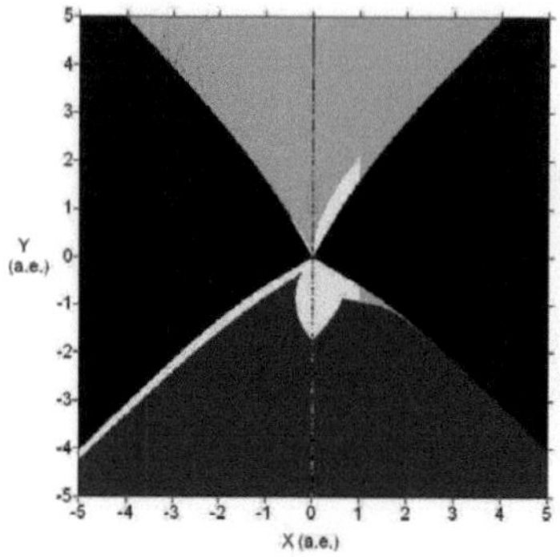

Рис. 23g

Δt = 319.58 сут

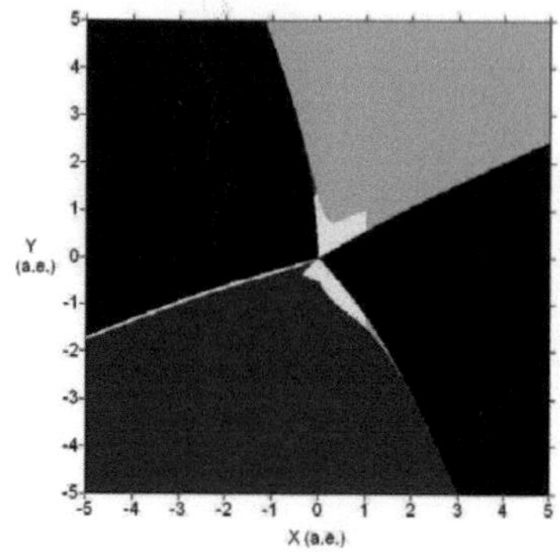

Рис. 23h

Δt = 365.24 сут

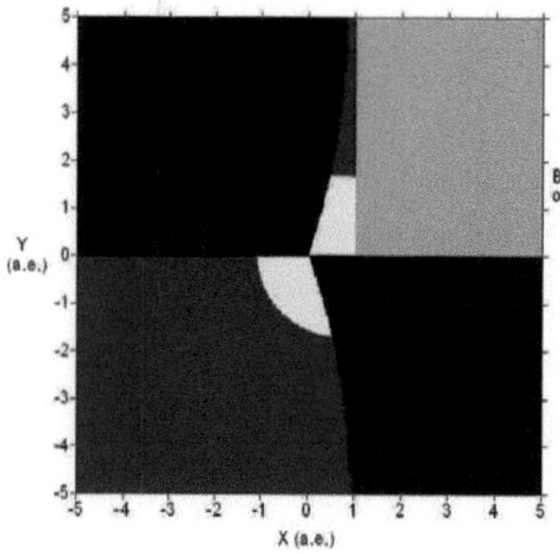

Рис. 23i

Δt = 405 сут

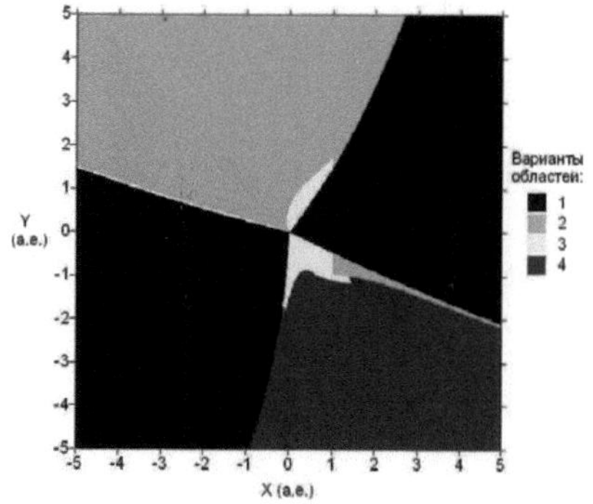

Рис. 23j

Теперь рассмотрим при тех же условиях области возможного числа решений для уравнения (4.5.3) (рис. 24*a*—*h*):

Δt = 1 сут

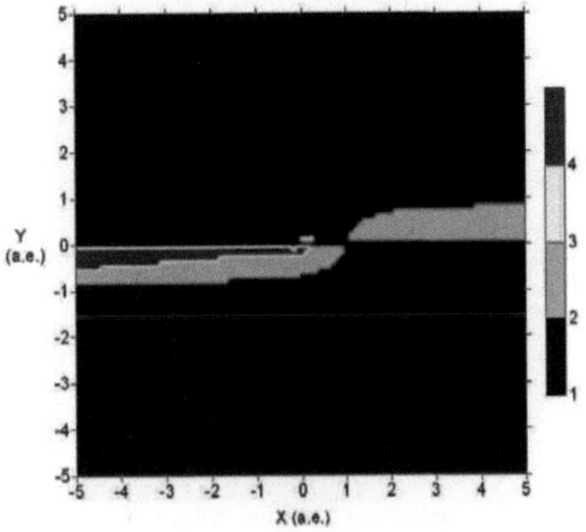

Рис. 24a

Δt = 45.65 сут

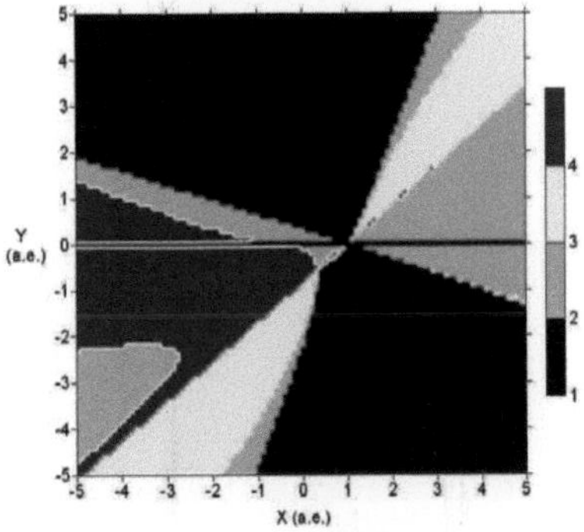

Рис. 24b

Δt = 91.31 сут

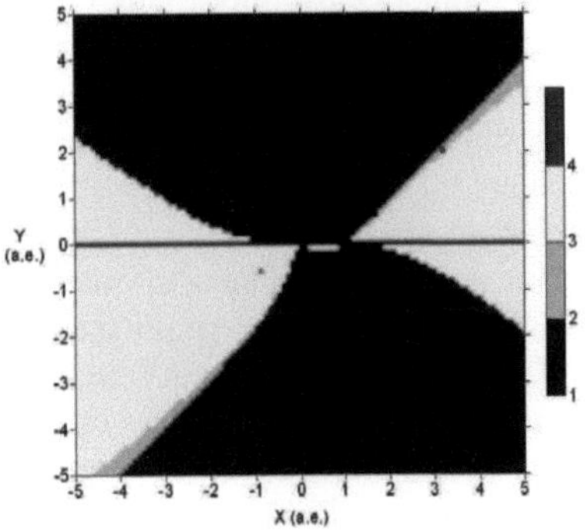

Рис. 24c

Δt = 136.96 сут

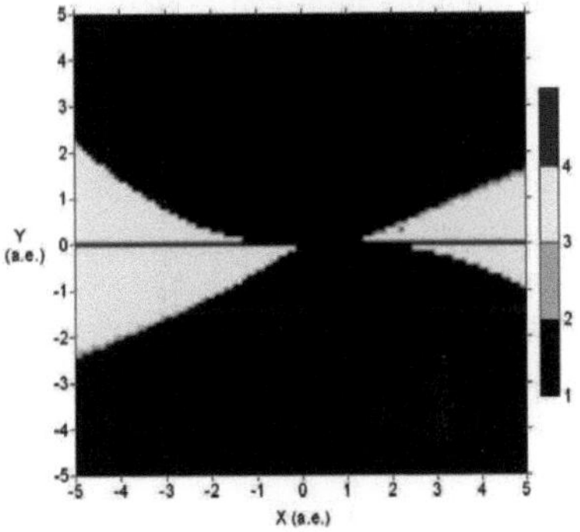

Рис. 24d

Δt = 228.13 сут

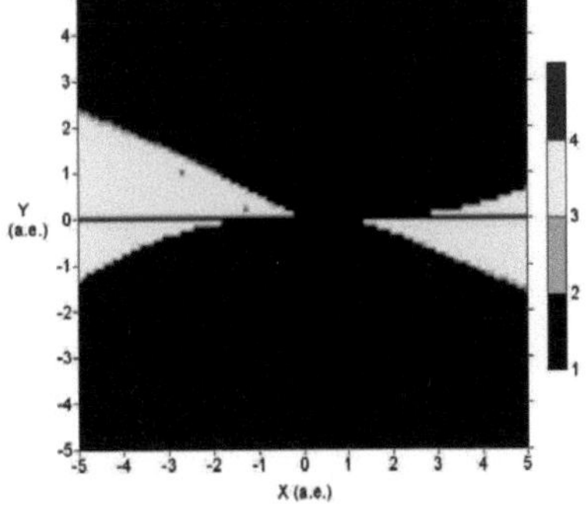

Рис. 24e

Δt = 273.93 сут

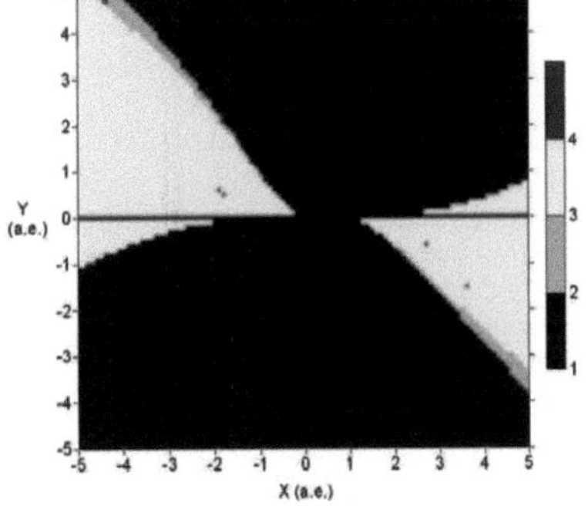

Рис. 24f

$\Delta t = 319.58$ сут

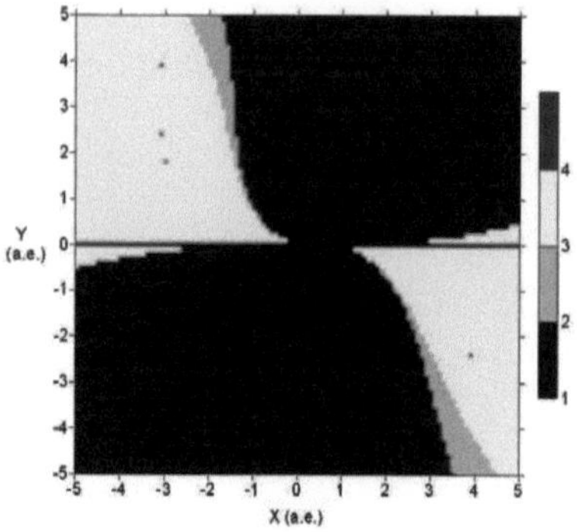

Рис. 24g

$\Delta t = 405$ сут

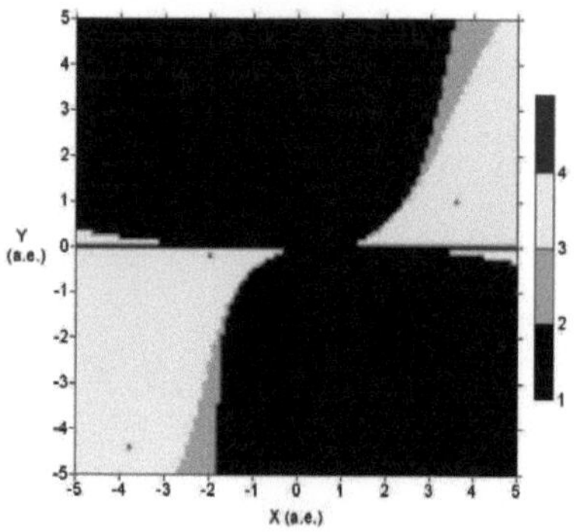

Рис. 24h

Анализ рисунков 24a — 24h показывает, что наиболее распространён случай единственного решения, он встречается наиболее часто для интервалов времени между наблюдениями, близким ко времени оборота и полуоборота Земли вокруг Солнца. На втором месте по частоте находится «тройное решение». Оно чаще встречается для интервалов времени больше 90 сут (см. рис. 24c—h). Третье место по частоте занимают случаи «двойного решения». При $\Delta t > 90$ сут они образуют две области вдоль оси X, а затем с ростом интервала времени вытягиваются в узкие области между областями единственных и тройных решений. Наиболее редко встречаемый вариант «4 решения» возможен только при малых интервалах времени между наблюдениями и сходит на нет при $\Delta t > 90$ сут (см. рис. 24c). Область таких решений располагается «за Солнцем» и может быть представлена как в виде целого сектора, так и двух его частей. Прямые единственных решений представляют собой случаи, описанные в § 4.3.

Пример 4.5.1

1) Рассмотрим следующие данные наблюдений объекта в плоскости эклиптики:

$t_1 = 0.0$, $\lambda_1 = 75.95^\circ$, $\beta_1 = 0.0^\circ$, $\xi_1 = -0.242801$, $\eta_1 = 0.970076$, $\zeta_1 = 0.0$,
$X_1 = -0.258819$ а. е., $Y_1 = -0.965926$ а. е., $Z_1 = 0.0$

$t_2 = 51.558633$ сут, $\lambda_2 = 58.53^\circ$, $\beta_2 = 0.0^\circ$, $\xi_2 = -0.522064$, $\eta_2 = 0.852906$, $\zeta_2 = 0.0$,
$X_2 = -0.912238$ а. е., $Y_2 = -0.409659$ а. е., $Z_2 = 0.0$.

2) Подставим данные в формулы (4.2.3): $A_2 = 0.299356$, $B_2 = 0.984407$, $C_2 = 0.725024$, $D_2 = -0.775127$. Найдём по (1.14.5) $\tau_{21} = 0.886917$.

3) Так как выполняется условие $\psi_1 > \psi_2 + \Delta\varphi_{21}$, то имеет смысл подставить полученные значения в (4.2.4). Затем полученное выражение для ρ_1 подставляем в (4.4.2).

4) Решая (4.5.2) на интервале [1.069106, 3.288417], относительно ρ_2, получим $\rho_2 = 1.747368$ а. е. Это решение единственное.

5) Теперь можно определить ρ и r по формулам (2.1.10): $\rho_1 = 1.065972$ а. е., $r_1 = 2.000000$ а. е.
$\rho_2 = 1.747368$ а. е., $r_2 = 1.900000$ а. е.

§ 4.6. Движение по прямолинейно-эллиптической орбите (траектория первого рода)

Уравнение (1.14.6) содержит 3 неизвестных, поэтому требуется ещё одно уравнение относительно $\mathbf{r}_1$ и $\mathbf{r}_3$ и два дополнительных условия между (ρ_1, ρ_2) и (ρ_1, ρ_3). Таким образом, в общем случае для определения орбиты требуется не менее трёх наблюдений. Приведём три новых уравнения (уравнение (4.2.5) остаётся без изменений):

$$\rho_3 = -\frac{B_4\rho_2 + D_4}{A_4\rho_2 + C_4} = \frac{(\mathbf{e_2}\times\mathbf{R_3})_z\,\rho_2 - (\mathbf{R_2}\times\mathbf{R_3})_z}{(\mathbf{e_2}\times\mathbf{e_3})_z\,\rho_2 + (\mathbf{e_3}\times\mathbf{R_2})_z}, \tag{4.6.1}$$

где

$$A_4 = e_{2x}e_{3y} - e_{2y}e_{3x},\; B_4 = e_{2y}X_3 - e_{2x}Y_3,\; C_4 = e_{3x}Y_2 - e_{3y}X_2,\; D_4 = X_2Y_3 - Y_2X_3. \tag{4.6.2}$$

$$\begin{aligned}
&\frac{1}{a}\sqrt{2a(\rho_1^2 - 2(\mathbf{e}_1\mathbf{R}_1)\rho_1 + R_1^2)^{1/2} - (\rho_1^2 - 2(\mathbf{e}_1\mathbf{R}_1)\rho_1 + R_1^2)} - \\
&-\frac{1}{a}\sqrt{2a(\rho_2^2 - 2(\mathbf{e_2}\mathbf{R_2})\rho_2 + R_2^2)^{1/2} - (\rho_2^2 - 2(\mathbf{e_2}\mathbf{R_2})\rho_2 + R_2^2)} + \\
&+\arccos\left(\frac{a - \sqrt{\rho_2^2 - 2(\mathbf{e_2}\mathbf{R_2})\rho_2 + R_2^2}}{a}\right) - \arccos\left(\frac{a - \sqrt{\rho_1^2 - 2(\mathbf{e}_1\mathbf{R}_1)\rho_1 + R_1^2}}{a}\right) = \pm\tau_{21}a^{-3/2},
\end{aligned} \tag{4.6.3}$$

$$\begin{aligned}
&\frac{1}{a}\sqrt{2a(\rho_2^2 - 2(\mathbf{e}_2\mathbf{R}_2)\rho_2 + R_2^2)^{1/2} - (\rho_2^2 - 2(\mathbf{e}_2\mathbf{R}_2)\rho_2 + R_2^2)} - \\
&-\frac{1}{a}\sqrt{2a(\rho_3^2 - 2(\mathbf{e}_3\mathbf{R}_3)\rho_3 + R_3^2)^{1/2} - (\rho_3^2 - 2(\mathbf{e}_3\mathbf{R}_3)\rho_3 + R_3^2)} + \\
&+\arccos\left(\frac{a - \sqrt{\rho_3^2 - 2(\mathbf{e}_3\mathbf{R}_3)\rho_3 + R_3^2}}{a}\right) - \arccos\left(\frac{a - \sqrt{\rho_2^2 - 2(\mathbf{e}_2\mathbf{R}_2)\rho_2 + R_1^2}}{a}\right) = \pm\tau_{32}a^{-3/2},
\end{aligned} \tag{4.6.4}$$

где

$$\tau_{32} = k(t_3 - t_2). \tag{4.6.5}$$

В правой части (4.6.3) и (4.6.4) знак «+» соответствует движению от центра, а знак «-» — движению к центру притяжения. После подстановки (4.2.5) и (4.6.1) в (4.6.3) и (4.6.4) мы получим систему из двух трансцендентных уравнений относительно двух переменных ρ_2 и a. Здесь, как и в случае граничной траектории, накладывая ограничения на интервалы возможных решений для ρ_2 и a, имеем три условия:

$$
\left.\begin{aligned}
&2a\sqrt{\left(\frac{C_2\rho_2+D_2}{A_2\rho_2+B_2}\right)^2+2(\mathbf{e}_1\mathbf{R}_1)\left(\frac{C_2\rho_2+D_2}{A_2\rho_2+B_2}\right)+R_1^2}-\\
&-\left(\left(\frac{C_2\rho_2+D_2}{A_2\rho_2+B_2}\right)^2+2(\mathbf{e}_1\mathbf{R}_1)\left(\frac{C_2\rho_2+D_2}{A_2\rho_2+B_2}\right)+R_1^2\right)\geq 0,\\
&2a\sqrt{\rho_2^2-2(\mathbf{e}_2\mathbf{R}_2)\rho_2+R_2^2}-(\rho_2^2-2(\mathbf{e}_2\mathbf{R}_2)\rho_2+R_2^2)>0,\\
&2a\sqrt{\left(\frac{B_4\rho_2+D_4}{A_4\rho_2+C_4}\right)^2+2(\mathbf{e}_3\mathbf{R}_3)\left(\frac{B_4\rho_2+D_4}{A_4\rho_2+C_4}\right)+R_3^2}-\\
&-\left(\left(\frac{B_4\rho_2+D_4}{A_4\rho_2+C_4}\right)^2+2(\mathbf{e}_3\mathbf{R}_3)\left(\frac{B_4\rho_2+D_4}{A_4\rho_2+C_4}\right)+R_3^2\right)\geq 0.
\end{aligned}\right\}
\qquad (4.6.6)
$$

Надо отметить, что второе неравенство (4.6.6) всегда положительно, т. к. для рассматриваемой нами эллиптической орбиты второе наблюдение не может быть связано с афелием. Первое и третье неравенства не могут быть равны нулю одновременно: первое — только при движении к Солнцу, а третье — от Солнца. Поэтому система (4.6.6) может заключать в себе только одно равенство. Перенос вторых членов первого и третьего уравнений в (4.6.6) вправо, сокращение на выражение в степени 1/2 и возведение выражений в квадрат позволят нам после приведения к общему знаменателю правой части перейти к неравенствам второй степени относительно ρ_2 и a:

$$
\left.\begin{aligned}
&\left(4a^2A_5-A_2^2\right)\rho_2^2+\left(4a^2B_5-2A_2B_2\right)\rho_2+4a^2C_5-B_2^2\geq 0,\\
&\left(4a^2A_6-A_4^2\right)\rho_2^2+\left(4a^2B_6-2A_4C_4\right)\rho_2+4a^2C_6-C_4^2\geq 0,
\end{aligned}\right\}
\qquad (4.6.7)
$$

где

$$
\left.\begin{aligned}
&A_5=C_2^2+2(\mathbf{e}_1\mathbf{R}_1)A_2C_2+A_2^2R_1^2,\\
&B_5=2C_2D_2+2(\mathbf{e}_1\mathbf{R}_1)\left(C_2B_2+A_2D_2\right)+2A_2B_2R_1^2,\\
&C_5=D_2^2+2(\mathbf{e}_1\mathbf{R}_1)B_2D_2+B_2^2R_1^2,\\
&A_6=B_4^2+2(\mathbf{e}_3\mathbf{R}_3)A_4B_4+A_4^2R_3^2,\\
&B_6=2B_4D_4+2(\mathbf{e}_3\mathbf{R}_3)(B_4C_4+A_4D_4)+2A_4C_4R_3^2,\\
&C_6=D_4^2+2(\mathbf{e}_3\mathbf{R}_3)C_4D_4+C_4^2R_3^2.
\end{aligned}\right\}
\qquad (4.6.8)
$$

Каждое из неравенств (4.6.7) принимает вид равенства только в случае превращения траектории в граничную, что одновременно для обоих неравенств невозможно.

Для графического представления условий (4.6.7) (при движении объекта к центру притяжения) удобно перейти от переменной ρ_2 к ρ_3, т. е. рассматривать положения в момент t_3. При этом коэффициенты уравнения необходимо перевычислить. Также в дальнейшем будем рассматривать только равные интервалы времени между наблюдениями, т. е. $\Delta t_{21} = \Delta t_{32} = 0.5\Delta t_{31.}$ Система уравнений (4.6.7) (при строгом равенстве нулю) может иметь от одного до двух положительных корней для ρ_3, т. е. интервал возможных значений может иметь один из четырёх следующих вариантов, которые далее на рис. 25*a*–*j* обозначены числами от 1 до 4:

1) $\left[0, \rho_{3\max}\right]$;
2) $\left[\rho_{3\min}, \infty\right)$;
3) $\left[0, \rho_{3\max\_(1)}\right]$ и $\left[\rho_{3\min\_(2)}, \infty\right)$;
4) $\left[\rho_{3\min\_(1)}, \rho_{3\max\_(1)}\right]$:

$\Delta t_{31} = 1$ сут

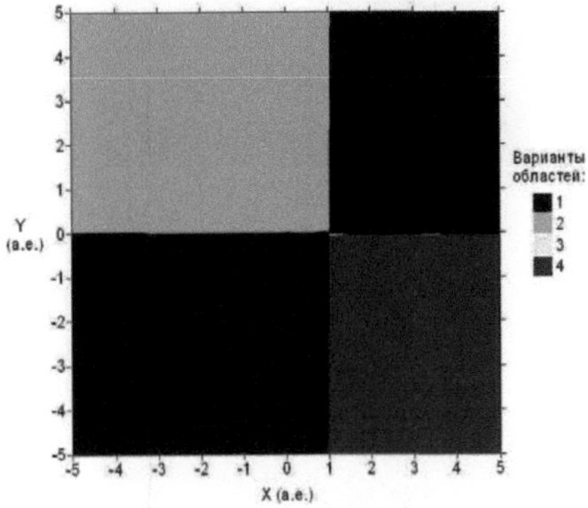

Рис. 25a

$\Delta t_{31} = 45.65$ сут

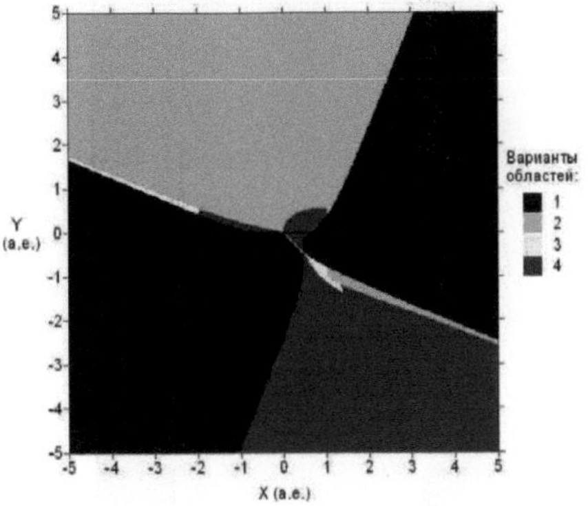

Рис. 25b

$\Delta t_{31} = 91.31$ сут

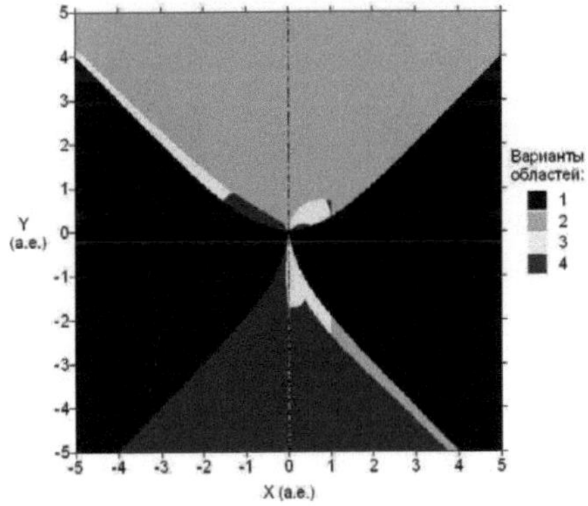

Рис. 25c

$\Delta t_{31} = 136.96$ сут

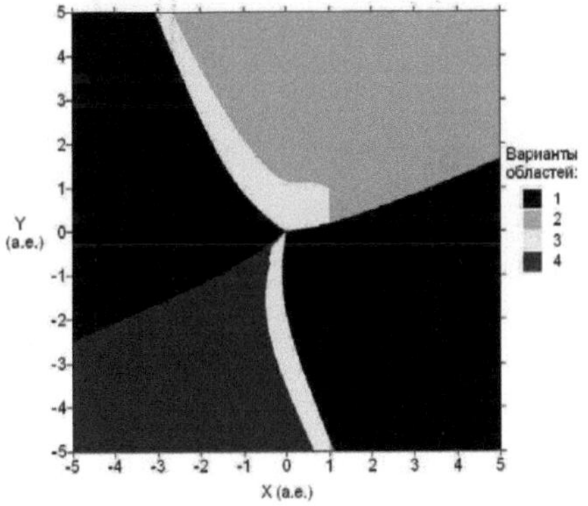

Рис. 25d

Δt_{31} = 182.62 сут

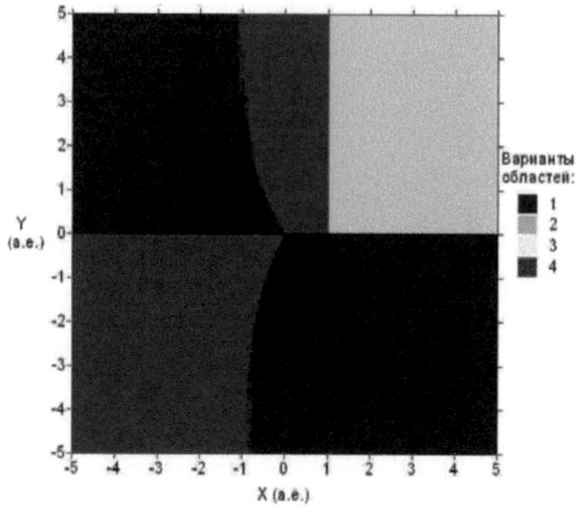

Рис. 25e

Δt_{31} = 228.13 сут

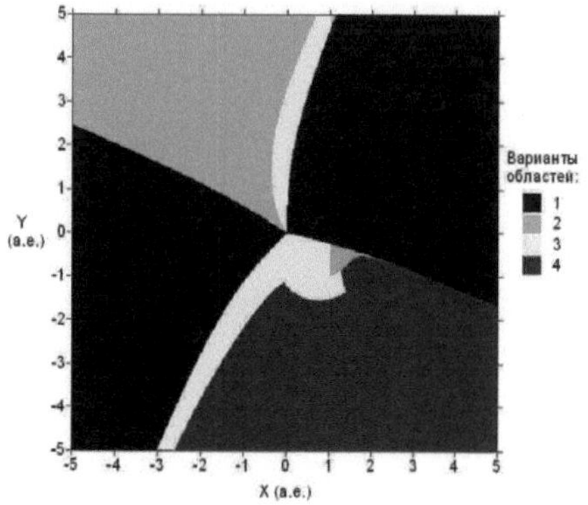

Рис. 25f

Δt_{31} = 273.93 сут

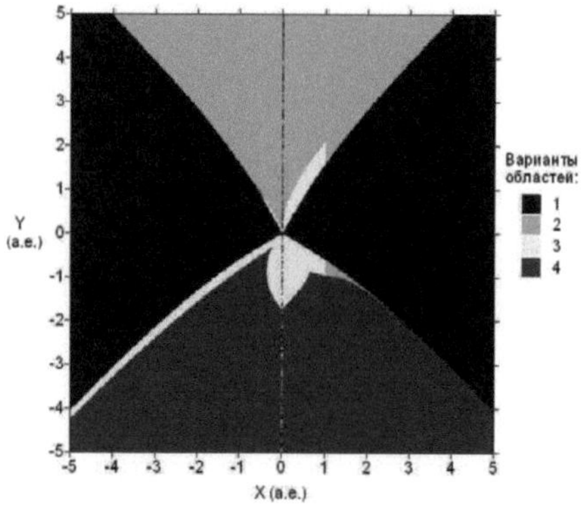

Рис. 25g

Δt_{31} = 319.58 сут

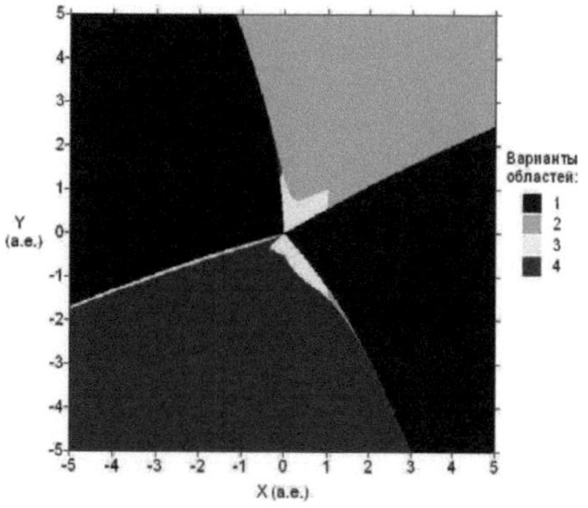

Рис. 25h

$\Delta t_{31} = 365.24$ сут

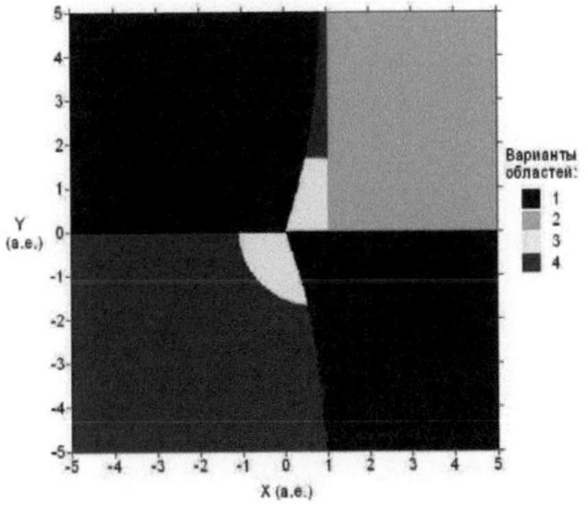

Рис. 25i

$\Delta t_{31} = 405$ сут

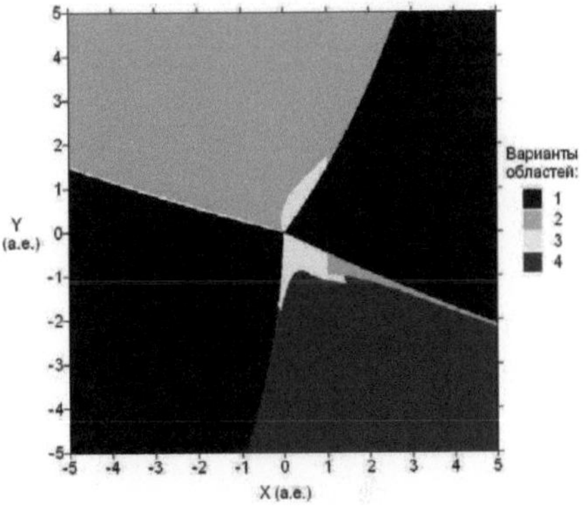

Рис. 25j

Пример 4.6.1

1) Определим положение объекта по следующим начальным данным:

$t_1 = 0.0$, $\lambda_1 = 80.42°$, $\beta_1 = 0.0°$, $\xi_1 = -0.166362$, $\eta_1 = 0.986065$, $\zeta_1 = 0.0$, $X_1 = -0.258819$ а. е., $Y_1 = -0.965926$ а. е., $Z_1 = 0.0$

$t_2 = 36.368861$ сут, $\lambda_2 = 61.27°$, $\beta_2 = 0.0°$, $\xi_2 = -0.480743$, $\eta_2 = 0.876862$, $\zeta_2 = 0.0$, $X_2 = -0.710956$ а. е., $Y_2 = -0.703237$ а. е., $Z_2 = 0.0$.

$t_3 = 67.124226$ сут, $\lambda_3 = 48.24°$, $\beta_3 = 0.0°$, $\xi_3 = -0.665979$, $\eta_3 = 0.745971$, $\zeta_3 = 0.0$, $X_3 = -0.775445$ а. е., $Y_3 = -0.631415$ а. е., $Z_3 = 0.0$.

2) Оценим границы расстояний до объекта в моменты наблюдений:
$\psi_1 = 155.423610°$, $\psi_2 = 99.518665°$, $\psi_3 = 62.564900°$, $\Delta\varphi_{21} = 35.845429°$, $\Delta\varphi_{31} = 35.845429°$. Отсюда видно, что $\rho_1 \in [0, \infty]$, далее из (4.1.6) и (4.1.11) получим $\rho_2 \in [0.834953, 2.547712]$, $\rho_3 \in [1.172378, 2.222408]$.

3) Подставим данные в формулы (4.2.3): $A_2 = 0.341358$, $B_2 = 0.869683$, $C_2 = 0.701358$, $D_2 = -0.585601$ и (4.6.2): $A_4 = 0.117380$, $B_4 = 0.935480$, $C_4 = 0.998739$, $D_4 = -0.504719$. Найдём по (1.14.5) $\tau_{21} = 0.625621$ и по (4.6.5) $\tau_{31} = 1.154678$.

4) Подставим полученные значения в (4.2.5) и (4.6.1), а их в (4.6.3) и (4.6.4) (рассматриваем движение к центру притяжения, поэтому справа знак «–»).

5) Решая систему относительно ρ_2 и a, получим: $\rho_2 = 1.573004$ а. е., $a = 4.000000$ а. е. Это решение единственное.

6) Теперь можно определить ρ_1 по формуле (4.2.5): $\rho_1 = 1.555754$ а. е. и ρ_3 по формуле (4.6.1): $\rho_3 = 1.669993$ а. е.

7) Используя уравнения (2.1.1), получим: $r_1 = 2.500000$ а. е., $r_2 = 2.000000$ а. е., $r_3 = 1.500000$ а. е.

§ 4.7. Движение по прямолинейно-эллиптической орбите (траектория второго рода)

Уравнение (1.14.7) содержит 3 неизвестных, поэтому требуется ещё одно уравнение относительно $\mathbf{r}_1$ и $\mathbf{r}_3$ и два дополнительных условия между (ρ_1, ρ_2) и (ρ_2, ρ_3). Здесь мы сталкиваемся с ситуацией, когда наличие трёх точек на траектории означает наличие двух участков: траектории первого и второго рода. К тому же, порядок их следования зависит от того, находится ли точка (2) на траектории до афелия (рис. 26), либо после (рис. 27):

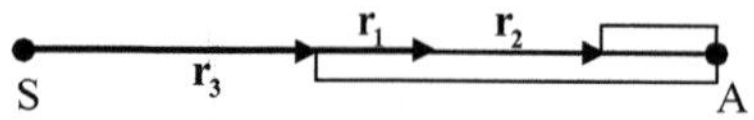

Рис. 26

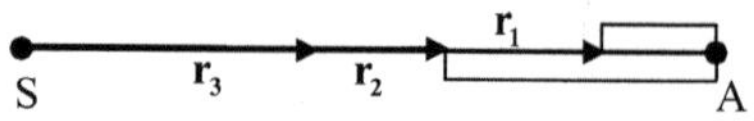

Рис. 27

Соответственно, получим две системы уравнений, причём, ввиду разнородности входящих в них уравнений, в качестве искомого параметра будет удобнее рассматривать ρ_2. В качестве дополнительного условия между ρ_2 и ρ_3 используем (4.6.1).

В первом случае (рис. 26) подставим (4.2.5) в (4.7.1), а (4.6.1) в (4.7.2):

$$\begin{gathered}\frac{1}{a}\sqrt{2a(\rho_1^2-2(\mathbf{e}_1\mathbf{R}_1)\rho_1+R_1^2)^{1/2}-(\rho_1^2-2(\mathbf{e}_1\mathbf{R}_1)\rho_1+R_1^2)}-\\ -\frac{1}{a}\sqrt{2a(\rho_2^2-2(\mathbf{e}_2\mathbf{R}_2)\rho_2+R_2^2)^{1/2}-(\rho_2^2-2(\mathbf{e}_2\mathbf{R}_2)\rho_2+R_2^2)}-\\ -\arccos\left(\frac{a-\sqrt{\rho_1^2-2(\mathbf{e}_1\mathbf{R}_1)\rho_1+R_1^2}}{a}\right)+\arccos\left(\frac{a-\sqrt{\rho_2^2-2(\mathbf{e}_2\mathbf{R}_2)\rho_2+R_2^2}}{a}\right)=\tau_{21}a^{-3/2},\end{gathered}\tag{4.7.1}$$

$$\begin{gathered}2\pi+\frac{1}{a}\sqrt{2a(\rho_3^2-2(\mathbf{e}_3\mathbf{R}_3)\rho_3+R_3^2)^{1/2}-(\rho_3^2-2(\mathbf{e}_3\mathbf{R}_3)\rho_3+R_3^2)}+\\ +\frac{1}{a}\sqrt{2a(\rho_2^2-2(\mathbf{e}_2\mathbf{R}_2)\rho_2+R_2^2)^{1/2}-(\rho_2^2-2(\mathbf{e}_2\mathbf{R}_2)\rho_2+R_2^2)}-\\ -\arccos\left(\frac{a-\sqrt{\rho_3^2-2(\mathbf{e}_3\mathbf{R}_3)\rho_3+R_3^2}}{a}\right)-\arccos\left(\frac{a-\sqrt{\rho_2^2-2(\mathbf{e}_2\mathbf{R}_2)\rho_2+R_2^2}}{a}\right)=\tau_{32}a^{-3/2}.\end{gathered}\tag{4.7.2}$$

Во втором случае (рис. 27) подставим (4.6.1) в (4.7.3), а (4.2.5) в (4.7.4):

$$\begin{gathered}\frac{1}{a}\sqrt{2a(\rho_3^2-2(\mathbf{e}_3\mathbf{R}_3)\rho_3+R_3^2)^{1/2}-(\rho_3^2-2(\mathbf{e}_3\mathbf{R}_3)\rho_3+R_3^2)}-\\ -\frac{1}{a}\sqrt{2a(\rho_2^2-2(\mathbf{e}_2\mathbf{R}_2)\rho_2+R_2^2)^{1/2}-(\rho_2^2-2(\mathbf{e}_2\mathbf{R}_2)\rho_2+R_2^2)}-\\ -\arccos\left(\frac{a-\sqrt{\rho_3^2-2(\mathbf{e}_3\mathbf{R}_3)\rho_3+R_3^2}}{a}\right)+\arccos\left(\frac{a-\sqrt{\rho_2^2-2(\mathbf{e}_2\mathbf{R}_2)\rho_2+R_2^2}}{a}\right)=\tau_{32}a^{-3/2},\end{gathered}\tag{4.7.3}$$

$$\begin{gathered}2\pi+\frac{1}{a}\sqrt{2a(\rho_2^2-2(\mathbf{e}_2\mathbf{R}_2)\rho_2+R_2^2)^{1/2}-(\rho_2^2-2(\mathbf{e}_2\mathbf{R}_2)\rho_2+R_2^2)}+\\ +\frac{1}{a}\sqrt{2a(\rho_1^2-2(\mathbf{e}_1\mathbf{R}_1)\rho_1+R_1^2)^{1/2}-(\rho_1^2-2(\mathbf{e}_1\mathbf{R}_1)\rho_1+R_1^2)}-\\ -\arccos\left(\frac{a-\sqrt{\rho_2^2-2(\mathbf{e}_2\mathbf{R}_2)\rho_2+R_2^2}}{a}\right)-\arccos\left(\frac{a-\sqrt{\rho_1^2-2(\mathbf{e}_1\mathbf{R}_1)\rho_1+R_1^2}}{a}\right)=\tau_{21}a^{-3/2},\end{gathered}\tag{4.7.4}$$

где

$$\tau_{32}=k\,(t_3-t_2).\tag{4.7.5}$$

Теперь требуется решить систему трансцендентных уравнений относительно ρ_2 и a.

Пример 4.7.1

1) Определим положение объекта по следующим начальным данным:

$t_1 = 0.0$, $\lambda_1 = 75.26°$, $\beta_1 = 0.0°$, $\xi_1 = -0.254357$, $\eta_1 = 0.967110$, $\zeta_1 = 0.0$, $X_1 = -0.258819$, $Y_1 = -0.965926$, $Z_1 = 0.0$

$t_2 = 20.183787$ сут, $\lambda_2 = 63.94°$, $\beta_2 = 0.0°$, $\xi_2 = -0.439307$, $\eta_2 = 0.898337$, $\zeta_2 = 0.0$, $X_2 = -0.572050$, $Y_2 = -0.820219$, $Z_2 = 0.0$.

$t_3 = 39.624788$ сут, $\lambda_3 = 60.57°$, $\beta_3 = 0.0°$, $\xi_3 = -0.491316$, $\eta_3 = 0.870981$, $\zeta_3 = 0.0$, $X_3 = -0.961096$, $Y_3 = -0.276216$, $Z_3 = 0.0$.

2)Оценим границы расстояний до объекта в моменты наблюдений:
$\psi_1 = 150.264488°$, $\psi_2 = 119.047009°$, $\psi_3 = 76.607356°$, $\Delta\varphi_{21} = 19.893250°$, $\Delta\varphi_{32} = 39.072236°$. Отсюда видно, что $\rho_1 \in [0, \infty)$, далее из (4.1.6) и (4.1.11) получим $\rho_2 \in [0.518036, 3.879934]$, $\rho_3 \in [1.224079, 3.941953]$.
3) Подставим данные в формулы (4.2.3): $A_2 = 0.196360$, $B_2 = 0.761864$, $C_2 = 0.656845$, $D_2 = -0.340270$ и (4.6.2): $A_4 = 0.058739$, $B_4 = 0.984371$, $C_4 = 0.931231$, $D_4 = -0.630300$. Найдём по (1.14.5) $\tau_{21} = 0.347203$ и по (4.7.5) $\tau_{32} = 0.681939$.
4) Подставим полученные значения в (4.2.5) и (4.6.1), а их в (4.7.3) и (4.7.4).
5) Решая систему относительно ρ_2 и a, получим: $\rho_2 = 1.302163$ а. е., $a = 1.000000$ а. е. Это решение единственное.
6) Теперь можно определить ρ_1 по формуле (4.2.5): $\rho_1 = 1.017541$ а. е. и ρ_3 по формуле (4.6.1): $\rho_3 = 1.956166$ а. е.
7) Используя уравнения (2.1.1), найдём: $r_1 = 1.950000$ а. е., $r_2 = 1.990000$ а. е., $r_3 = 1.980000$ а. е.

Пример 4.7.2

1) Определим положение объекта по следующим начальным данным:

$t_1 = 0.0$, $\lambda_1 = 75.816384°$, $\beta_1 = 0.0°$, $\xi_1 = -0.245030$, $\eta_1 = 0.969515$, $\zeta_1 = 0.0$, $X_1 = -0.258819$, $Y_1 = -0.965926$, $Z_1 = 0.0$;

$t_2 = 39.624788$ сут, $\lambda_2 = 59.834556°$, $\beta_2 = 0.0°$, $\xi_2 = -0.502498$, $\eta_2 = 0.864578$, $\zeta_2 = 0.0$, $X_2 = -0.809757$, $Y_2 = -0.586765$, $Z_2 = 0.0$;

$t_3 = 13.398349$ сут, $\lambda_3 = 59.465257°$, $\beta_3 = 0.0°$, $\xi_3 = -0.508061$, $\eta_3 = 0.861321$, $\zeta_3 = 0.0$, $X_3 = -0.922388$, $Y_3 = -0.386266$, $Z_3 = 0.0$.

2) Оценим границы расстояний до объекта в моменты наблюдений:
$\psi_1 = 150.816384°$, $\psi_2 = 95.762330°$, $\psi_3 = 82.187604°$, $\Delta\varphi_{21} = 39.072236°$, $\Delta\varphi_{32} = 13.205417°$. Отсюда видно, что $\rho_1 \in [0, \infty)$, далее из (4.1.6) и (4.1.11) получим $\rho_2 \in [0.888816, 3.373550]$, $\rho_3 \in [1.108326, 3.512734]$.
3) Подставим данные в формулы (4.2.3): $A_2 = 0.275332$, $B_2 = 0.928847$, $C_2 = 0.709146$, $D_2 = -0.630300$ и (4.6.2): $A_4 = 0.006446$, $B_4 = 0.991574$, $C_4 = 0.995734$, $D_4 = -0.228443$. Найдём по (1.14.5) $\tau_{21} = 0.681939$ и по (4.6.7) $\tau_{32} = 0.230478$.
4) Подставим полученные значения в (4.2.5) и (4.7.1), а их в (4.7.3) и (4.7.4).
5) Решая систему относительно ρ_2 и a, получим: $\rho_2 = 1.611462$ а. е., $a = 1.000000$ а. е. Это решение единственное.
6) Теперь можно определить ρ_1 по формуле (4.2.5): $\rho_1 = 1.056274$ а. е. и ρ_3 по формуле (4.7.1): $\rho_3 = 1.815506$ а. е.
7) Используя уравнения (2.1.1), получим: $r_1 = 1.990000$ а. е., $r_2 = 1.980000$ а. е., $r_3 = 1.950000$ а. е.

§ 4.8. Движение по прямолинейно-гиперболической орбите

Уравнение (1.14.8) так же как и (1.14.6) содержит 3 неизвестные величины, поэтому требование относительно привлечения 3-го наблюдения остаётся в силе. Вид уравнений (4.6.1) и (4.2.5) остаётся без изменений. Отличие в том, что подставлять их будем в уравнения (4.8.1) и (4.8.2):

$$\frac{1}{\tilde a}\sqrt{2\tilde a(\rho_2^2-2(\mathbf{e}_2\mathbf{R}_2)\rho_2+R_2^2)^{1/2}+\rho_2^2-2(\mathbf{e}_2\mathbf{R}_2)\rho_2+R_2^2}\,-$$

$$-\frac{1}{\tilde a}\sqrt{2\tilde a(\rho_1^2-2(\mathbf{e}_1\mathbf{R}_1)\rho_1+R_1^2)^{1/2}+\rho_1^2-2(\mathbf{e}_1\mathbf{R}_1)\rho_1+R_1^2}\,+$$

$$+\ln\left(\tilde a+\sqrt{\rho_1^2-2(\mathbf{e}_1\mathbf{R}_1)\rho_1+R_1^2}+\sqrt{2\tilde a(\rho_1^2-2(\mathbf{e}_1\mathbf{R}_1)\rho_1+R_1^2)^{1/2}+\rho_1^2-2(\mathbf{e}_1\mathbf{R}_1)\rho_1+R_1^2}\right)- \quad (4.8.1)$$

$$-\ln\left(\tilde a+\sqrt{\rho_2^2-2(\mathbf{e}_2\mathbf{R}_2)\rho_2+R_2^2}+\sqrt{2\tilde a(\rho_2^2-2(\mathbf{e}_2\mathbf{R}_2)\rho_2+R_2^2)^{1/2}+\rho_2^2-2(\mathbf{e}_2\mathbf{R}_2)\rho_2+R_2^2}\right)=$$

$$=\pm\tau_{21}\tilde a^{-3/2},$$

$$\frac{1}{\tilde a}\sqrt{2\tilde a(\rho_3^2-2(\mathbf{e}_3\mathbf{R}_3)\rho_3+R_3^2)^{1/2}+\rho_3^2-2(\mathbf{e}_3\mathbf{R}_3)\rho_3+R_3^2}\,-$$

$$-\frac{1}{\tilde a}\sqrt{2\tilde a(\rho_2^2-2(\mathbf{e}_2\mathbf{R}_2)\rho_2+R_2^2)^{1/2}+\rho_2^2-2(\mathbf{e}_2\mathbf{R}_2)\rho_2+R_2^2}\,+$$

$$+\ln\left(\tilde a+\sqrt{\rho_2^2-2(\mathbf{e}_2\mathbf{R}_2)\rho_2+R_2^2}+\sqrt{2\tilde a(\rho_2^2-2(\mathbf{e}_2\mathbf{R}_2)\rho_2+R_2^2)^{1/2}+\rho_2^2-2(\mathbf{e}_2\mathbf{R}_2)\rho_2+R_2^2}\right)- \quad (4.8.2)$$

$$-\ln\left(\tilde a+\sqrt{\rho_3^2-2(\mathbf{e}_3\mathbf{R}_3)\rho_3+R_3^2}+\sqrt{2\tilde a(\rho_3^2-2(\mathbf{e}_3\mathbf{R}_3)\rho_3+R_3^2)^{1/2}+\rho_3^2-2(\mathbf{e}_3\mathbf{R}_3)\rho_3+R_3^2}\right)=$$

$$=\pm\tau_{32}\tilde a^{-3/2}.$$

Здесь «+» в правых частях соответствует движению от центра притяжения, а «–» — к нему. После подстановки (4.6.1) и (4.2.5) в (4.8.1) и (4.8.2) получаем систему из двух трансцендентных уравнений относительно переменных ρ_2 и $\tilde a = -a > 0$, решение которой позволит нам определить прямолинейно-гиперболическую орбиту.

Пример 4.8.1

1) Определим положение объекта по следующим начальным данным:

$t_1 = 0.0$, $\lambda_1 = 82.748555°$, $\beta_1 = 0.0°$, $\xi_1 = -0.126224$, $\eta_1 = 0.992002$, $\zeta_1 = 0.0$,
$X_1 = -0.258819$, $Y_1 = -0.965926$, $Z_1 = 0.0$;

$t_2 = 29.381919$ сут, $\lambda_2 = 68.696055°$, $\beta_2 = 0.0°$, $\xi_2 = -0.363315$, $\eta_2 = 0.931666$, $\zeta_2 = 0.0$,
$X_2 = -0.694230$, $Y_2 = -0.719753$, $Z_2 = 0.0$;

$t_3 = 27.218109$ сут, $\lambda_3 = 60.528004°$, $\beta_3 = 0.0°$, $\xi_3 = -0.491998$, $\eta_3 = 0.870596$, $\zeta_3 = 0.0$,
$X_3 = -0.944332$, $Y_3 = -0.328993$, $Z_3 = 0.0$.

2)Оценим границы расстояний до объекта в моменты наблюдений:
$\psi_1 = 157.748555°$, $\psi_2 = 114.730111°$, $\psi_3 = 79.735683°$, $\Delta\varphi_{21} = 28.965944°$, $\Delta\varphi_{32} = 26.826377°$. Отсюда видно, что $\rho_1 \in [0, \infty)$, далее из (4.1.6) и (4.1.11) получим $\rho_2 \in [0.817962, 3.210433]$, $\rho_3 \in [1.180491, 3.586928]$.

3) Подставим данные в формулы (4.2.4): $A_2 = 0.242811$, $B_2 = 0.779528$, $C_2 = 0.592069$, $D_2 = -0.484290$ и (4.6.2): $A_4 = 0.142077$, $B_4 = 0.999331$, $C_4 = 0.958512$, $D_4 = -0.451288$. Найдём по (1.14.5) $\tau_{21} = 0.505551$ и по (4.7.7) $\tau_{32} = 0.468208$.

4) Подставим полученные значения в (4.2.5) и (4.6.1), а их в (4.7.3) и (4.7.4).

5) Решая систему относительно ρ_2 и $\tilde a$, получим: $\rho_2 = 1.910821$ а. е., $a = 3.999999$ а. е. Это решение единственное.

6) Теперь можно определить ρ_1 по формуле (4.2.5): $\rho_1 = 2.050474$ а. е. и ρ_3 по формуле (4.6.1): $\rho_3 = 1.919382$ а. е.

7) Используя уравнения (2.1.1), получим: $r_1 = 2.999999$ а. е., $r_2 = 2.499999$ а. е., $r_3 = 1.999999$ а. е.

§ 4.9. Универсальная система уравнений: функции Штумпфа

В общем случае, когда изначально известно только то, что движение искомого объекта прямолинейное, но неизвестен тип орбиты, возникает задача выбора уравнений для определения орбиты. Для этого необходимо иметь не менее трёх наблюдений. В противном случае, мы не сможем доказать, что решения, найденные для прямолинейно-параболической и граничной прямолинейно-эллиптической орбит, действительно соответствуют им. При наличии трёх наблюдений остаётся вопрос о выборе для решения соответствующей системы уравнений. Ведь не зная знака значения энергии для искомой орбиты, мы не можем сделать правильный выбор. Здесь была бы полезна унифицированная система уравнений, не зависящая от типа прямолинейной орбиты. Обратимся к универсальному уравнению Кеплера, выраженному через функции Штумпфа в § 2.10. Как и в § 2.10, рассмотрим два варианта:

1) Движение по прямолинейно-эллиптической траектории второго рода. Здесь также возможны два случая.

а) Случай, представленный на рис. 26, когда первые два наблюдения сделаны до прохождения афелия, а третье после. Уравнение для первых двух наблюдений имеет следующий вид:

$$\begin{gathered}(\rho_1^2-2(\mathbf{e}_1\mathbf{R}_1)\rho_1+R_1^2)^{1/2}s_{21}c_1\left(\frac{k^2s_{21}^2}{a}\right)+k^2s_{21}^3c_3\left(\frac{k^2s_{21}^2}{a}\right)+\\+\frac{s_{21}^2}{k}\sqrt{2(\rho_1^2-2(\mathbf{e}_1\mathbf{R}_1)\rho_1+R_1^2)^{1/2}-\frac{\rho_1^2-2(\mathbf{e}_1\mathbf{R}_1)\rho_1+R_1^2}{a}}c_2\left(\frac{k^2s_{21}^2}{a}\right)=t_2-t_1,\end{gathered}\qquad(4.9.1)$$

где

$$\begin{gathered}s_{21}=\frac{1}{k}\left(\sqrt{2(\rho_2^2-2(\mathbf{e}_2\mathbf{R}_2)\rho_2+R_2^2)^{1/2}-\frac{\rho_2^2-2(\mathbf{e}_2\mathbf{R}_2)\rho_2+R_2^2}{a}}-\right.\\\left.-\sqrt{2(\rho_1^2-2(\mathbf{e}_1\mathbf{R}_1)\rho_1+R_1^2)^{1/2}-\frac{\rho_1^2-2(\mathbf{e}_1\mathbf{R}_1)\rho_1+R_1^2}{a}}\right)+\frac{t_2-t_1}{a}.\end{gathered}\qquad(4.9.2)$$

Дополним (4.9.1) уравнением для моментов времени t_2 и t_3:

$$\begin{gathered}\frac{2\pi}{k}a^{3/2}-\left((\rho_2^2-2(\mathbf{e}_2\mathbf{R}_2)\rho_2+R_2^2)^{1/2}s_{32}c_1\left(\frac{k^2s_{32}^2}{a}\right)+k^2s_{32}^3c_3\left(\frac{k^2s_{32}^2}{a}\right)+\right.\\\left.+\frac{s_{32}^2}{k}\sqrt{2(\rho_2^2-2(\mathbf{e}_2\mathbf{R}_2)\rho_2+R_2^2)^{1/2}-\frac{\rho_2^2-2(\mathbf{e}_2\mathbf{R}_2)\rho_2+R_2^2}{a}}c_2\left(\frac{k^2s_{32}^2}{a}\right)\right)=t_3-t_2,\end{gathered}\qquad(4.9.3)$$

где

$$s_{32}=-\frac{1}{k}\left(\sqrt{2(\rho_3^2-2(\mathbf{e}_3\mathbf{R}_3)\rho_3+R_3^2)^{1/2}-\frac{\rho_3^2-2(\mathbf{e}_3\mathbf{R}_3)\rho_3+R_3^2}{a}}+\right.$$
$$\left.+\sqrt{2(\rho_2^2-2(\mathbf{e}_2\mathbf{R}_2)\rho_2+R_2^2)^{1/2}-\frac{\rho_2^2-2(\mathbf{e}_2\mathbf{R}_2)\rho_2+R_2^2}{a}}\right)+\frac{t_3-t_2}{a}. \quad (4.9.4)$$

б) Случай, представленный на рис. 27, когда первое наблюдение сделано до прохождения афелия, а второе и третье после. Уравнение для первых двух наблюдений имеет следующий вид:

$$\frac{2\pi}{k}a^{3/2}-\left((\rho_1^2-2(\mathbf{e}_1\mathbf{R}_1)\rho_1+R_1^2)^{1/2}s_{21}c_1\left(\frac{k^2s_{21}^2}{a}\right)+k^2s_{21}^3c_3\left(\frac{k^2s_{21}^2}{a}\right)+\right.$$
$$\left.+\frac{s_{21}^2}{k}\sqrt{2(\rho_1^2-2(\mathbf{e}_1\mathbf{R}_1)\rho_1+R_1^2)^{1/2}-\frac{\rho_1^2-2(\mathbf{e}_1\mathbf{R}_1)\rho_1+R_1^2}{a}}c_2\left(\frac{k^2s_{21}^2}{a}\right)\right)=t_2-t_1, \quad (4.9.5)$$

где

$$s_{21}=-\frac{1}{k}\left(\sqrt{2(\rho_2^2-2(\mathbf{e}_2\mathbf{R}_2)\rho_2+R_2^2)^{1/2}-\frac{\rho_2^2-2(\mathbf{e}_2\mathbf{R}_2)\rho_2+R_2^2}{a}}+\right.$$
$$\left.+\sqrt{2(\rho_1^2-2(\mathbf{e}_1\mathbf{R}_1)\rho_1+R_1^2)^{1/2}-\frac{\rho_1^2-2(\mathbf{e}_1\mathbf{R}_1)\rho_1+R_1^2}{a}}\right)+\frac{t_2-t_1}{a}. \quad (4.9.6)$$

Дополним (4.9.5) аналогичным уравнением для моментов времени t_2 и t_3:

$$(\rho_2^2-2(\mathbf{e}_2\mathbf{R}_2)\rho_2+R_2^2)^{1/2}s_{32}c_1\left(\frac{k^2s_{32}^2}{a}\right)+k^2s_{32}^3c_3\left(\frac{k^2s_{32}^2}{a}\right)-$$
$$-\frac{s_{32}^2}{k}\sqrt{2(\rho_2^2-2(\mathbf{e}_2\mathbf{R}_2)\rho_2+R_2^2)^{1/2}-\frac{\rho_2^2-2(\mathbf{e}_2\mathbf{R}_2)\rho_2+R_2^2}{a}}c_2\left(\frac{k^2s_{32}^2}{a}\right)=t_3-t_2, \quad (4.9.7)$$

где

$$s_{32}=-\frac{1}{k}\left(\sqrt{2(\rho_3^2-2(\mathbf{e}_3\mathbf{R}_3)\rho_3+R_3^2)^{1/2}-\frac{\rho_3^2-2(\mathbf{e}_3\mathbf{R}_3)\rho_3+R_3^2}{a}}-\right.$$
$$\left.-\sqrt{2(\rho_2^2-2(\mathbf{e}_2\mathbf{R}_2)\rho_2+R_2^2)^{1/2}-\frac{\rho_2^2-2(\mathbf{e}_2\mathbf{R}_2)\rho_2+R_2^2}{a}}\right)+\frac{t_3-t_2}{a}. \quad (4.9.8)$$

2) Движение по всем остальным видам траекторий (без прохождения афелия).

Первое уравнение будет иметь вид:

$$(\rho_1^2-2(\mathbf{e}_1\mathbf{R}_1)\rho_1+R_1^2)^{1/2}s_{21}c_1\left(\frac{k^2s_{21}^2}{a}\right)+k^2s_{21}^3c_3\left(\frac{k^2s_{21}^2}{a}\right)\pm$$
$$\pm\frac{s_{21}^2}{k}\sqrt{2(\rho_1^2-2(\mathbf{e}_1\mathbf{R}_1)\rho_1+R_1^2)^{1/2}-\frac{\rho_1^2-2(\mathbf{e}_1\mathbf{R}_1)\rho_1+R_1^2}{a}}c_2\left(\frac{k^2s_{21}^2}{a}\right)=t_2-t_1, \quad (4.9.9)$$

где

$$s_{21}=\pm\frac{1}{k}\left(\sqrt{2(\rho_2^2-2(\mathbf{e}_2\mathbf{R}_2)\rho_2+R_2^2)^{1/2}-\frac{\rho_2^2-2(\mathbf{e}_2\mathbf{R}_2)\rho_2+R_2^2}{a}}-\right.$$
$$\left.-\sqrt{2(\rho_1^2-2(\mathbf{e}_1\mathbf{R}_1)\rho_1+R_1^2)^{1/2}-\frac{\rho_1^2-2(\mathbf{e}_1\mathbf{R}_1)\rho_1+R_1^2}{a}}\right)+\frac{t_2-t_1}{a}. \quad (4.9.10)$$

Второе уравнение аналогично первому:

$$(\rho_2^2-2(\mathbf{e}_2\mathbf{R}_2)\rho_2+R_2^2)^{1/2}s_{32}c_1\left(\frac{k^2s_{32}^2}{a}\right)+k^2s_{32}^3c_3\left(\frac{k^2s_{32}^2}{a}\right)\pm$$
$$\pm\frac{s_{32}^2}{k}\sqrt{2(\rho_2^2-2(\mathbf{e}_2\mathbf{R}_2)\rho_2+R_2^2)^{1/2}-\frac{\rho_2^2-2(\mathbf{e}_2\mathbf{R}_2)\rho_2+R_2^2}{a}}c_2\left(\frac{k^2s_{32}^2}{a}\right)=t_3-t_2, \quad (4.9.11)$$

где

$$s_{32}=\pm\frac{1}{k}\left(\sqrt{2(\rho_3^2-2(\mathbf{e}_3\mathbf{R}_3)\rho_3+R_3^2)^{1/2}-\frac{\rho_3^2-2(\mathbf{e}_3\mathbf{R}_3)\rho_3+R_3^2}{a}}-\right.$$
$$\left.-\sqrt{2(\rho_2^2-2(\mathbf{e}_2\mathbf{R}_2)\rho_2+R_2^2)^{1/2}-\frac{\rho_2^2-2(\mathbf{e}_2\mathbf{R}_2)\rho_2+R_2^2}{a}}\right)+\frac{t_3-t_2}{a}. \quad (4.9.12)$$

Здесь, в «±» верхний знак означает движение от центра притяжения, а нижний — к центру.

Пары уравнений (4.9.1) и (4.9.3), (4.9.5) и (4.9.7), (4.9.9) и (4.9.11) с учётом (4.2.5) и (4.6.1) образуют трансцендентные системы относительно ρ_2 и a. Все возможные случаи определения прямолинейных орбит в плоскости эклиптики можно разрешить с помощью одной из четырёх систем уравнений. Несмотря на замкнутый вид самих уравнений, функции Штумпфа (2.10.1) представлены в виде рядов, и поэтому не замкнутость здесь носит неявный характер.

§ 4.10. Универсальная система уравнений: классическое уравнение Ламберта

В качестве другого универсального выражения можно рассмотреть уравнение Ламберта для прямолинейных орбит, представленное в § 2.11. Уравнение (2.11.1) примет следующий вид:

$$\sum_{i=0}^{\infty}\frac{(2(i-1)+1)!!}{(2i)!!(2i+3)2^{\frac{2i-1}{2}}a^i}\left((\rho_2^2-2(\mathbf{e}_2\mathbf{R}_2)\rho_2+R_2^2)^{\frac{2i+3}{4}}\pm(\rho_1^2-2(\mathbf{e}_1\mathbf{R}_1)\rho_1+R_1^2)^{\frac{2i+3}{4}}\right)=\pm\tau_{21}. \quad (4.10.1)$$

Здесь первый член ($i = 0$) соответствует параболическому случаю, рассмотренному в § 4.4. Дополним (4.10.1) аналогичным уравнением для моментов времени t_2 и t_3:

$$\sum_{i=0}^{\infty}\frac{(2(i-1)+1)!!}{(2i)!!(2i+3)2^{\frac{2i-1}{2}}a^i}\left((\rho_3^2-2(\mathbf{e}_3\mathbf{R}_3)\rho_3+R_3^2)^{\frac{2i+3}{4}}\pm(\rho_2^2-2(\mathbf{e}_2\mathbf{R}_2)\rho_2+R_2^2)^{\frac{2i+3}{4}}\right)=\pm\tau_{32}. \quad (4.10.2)$$

Из (4.10.1) и (4.10.2) с учётом (4.2.5) и (4.6.1) мы получим систему уравнений относительно ρ_2 и a.

Для прямолинейно-эллиптической траектории второго рода необходимо внести изменения, как и в предыдущем параграфе.

Вариант а) будет иметь вид:

$$\sum_{i=0}^{\infty}\frac{(2(i-1)+1)!!}{(2i)!!(2i+3)2^{\frac{2i-1}{2}}a^i}\left((\rho_2^2-2(\mathbf{e}_2\mathbf{R}_2)\rho_2+R_2^2)^{\frac{2i+3}{4}}+(\rho_1^2-2(\mathbf{e}_1\mathbf{R}_1)\rho_1+R_1^2)^{\frac{2i+3}{4}}\right)=\tau_{21}. \quad (4.10.3)$$

$$2\pi a^{3/2}-$$
$$-\sum_{i=0}^{\infty}\frac{(2(i-1)+1)!!}{(2i)!!(2i+3)2^{\frac{2i-1}{2}}a^i}\left((\rho_3^2-2(\mathbf{e}_3\mathbf{R}_3)\rho_3+R_3^2)^{\frac{2i+3}{4}}+(\rho_2^2-2(\mathbf{e}_2\mathbf{R}_2)\rho_2+R_2^2)^{\frac{2i+3}{4}}\right)=\tau_{32}. \quad (4.10.4)$$

Вариант б) примет вид:

$$2\pi a^{3/2}-$$
$$-\sum_{i=0}^{\infty}\frac{(2(i-1)+1)!!}{(2i)!!(2i+3)2^{\frac{2i-1}{2}}a^i}\left((\rho_2^2-2(\mathbf{e}_2\mathbf{R}_2)\rho_2+R_2^2)^{\frac{2i+3}{4}}+(\rho_1^2-2(\mathbf{e}_1\mathbf{R}_1)\rho_1+R_1^2)^{\frac{2i+3}{4}}\right)=\tau_{21}, \quad (4.10.5)$$

$$\sum_{i=0}^{\infty}\frac{(2(i-1)+1)!!}{(2i)!!(2i+3)2^{\frac{2i-1}{2}}a^i}\left((\rho_3^2-2(\mathbf{e}_3\mathbf{R}_3)\rho_3+R_3^2)^{\frac{2i+3}{4}}-(\rho_2^2-2(\mathbf{e}_2\mathbf{R}_2)\rho_2+R_2^2)^{\frac{2i+3}{4}}\right)=-\tau_{32}. \quad (4.10.6)$$

Главной отличительной особенностью системы уравнений Ламберта от системы, выраженной через функции Штумпфа, является явная не замкнутость её уравнений. Для того, чтобы её решить, мы должны ограничиться конечным числом членов ряда. В отношении степеней a можно рассмотреть линейное, квадратичное и приближения более высокого порядка. Выразив через первое уравнение a, мы можем подставить полученное выражение во второе уравнение. Здесь следует подчеркнуть второе отличие от системы в предыдущем параграфе: приближения, ограниченные начальными степенями a, позволяют свести систему к полиному относительно ρ_2. Таким образом, при любой точности решения мы будем решать алгебраическую систему относительно двух переменных.

При решении в качестве первого шага следует провести проверку на «параболичность» искомой орбиты. Для этого берём слева в уравнениях (4.10.3) и (4.10.4) только первые члены и решаем их относительно ρ_2. Заметное расхождение решений будет говорить о том, что орбита не параболическая. Затем добавим в каждое из уравнений первые члены из соответствующих сумм и будем искать решение уже относительно ρ_2 и a. Второе приближение позволяет по знаку a определить тип орбиты. В последующих приближениях также производим добавление соответствующих слагаемых из сумм и производим проверку того, насколько полученное решение стало точнее. Когда разность решений в двух последовательных приближениях будет не превышать заданной величины, процесс можно остановить. В некоторых случаях возможно несколько решений, тогда для каждого из них нужно вести итерационный процесс независимо.

Пример 4.10.1

1) Определим положение объекта по начальным данным примера 4.6.1. Подставим их в (4.10.1) и (4.10.2) при $i = 0$ и получим решения для параболической орбиты относительно ρ_2: 3.64511 а. е. и 1.71005 а. е. соответственно.
2) Далее перейдём к итеративному процессу по всем i:

Таблица 1. Приближения для решения примера 4.6.1

Номер приближения	Первое решение для a	Второе решение для a
1	3.37323360	-1.65601507
2	3.90678822	-0.53591824
3	3.98477096	-1.61106847
4	3.99756553	-0.61926596
5	3.99966174	-1.66071764
6	3.99997330	-0.66098709
7	4.00000653	—
8	4.00000487	-0.68772486
9	4.00000210	—
10	4.00000084	-0.70706620
11	4.00000037	-1.82150120
12	4.00000002	-0.72208641
13	4.000000016	—
14	4.000000015	-0.734291958
15	4.000000015	—

Из вышеприведённой таблицы видно наличие двух решений, но если первое решение, соответствующее эллиптической орбите, сходится к пределу, то второе решение, соответствующее гиперболической орбите, меняется хаотично от итерации к итерации, и в некоторых случаях вообще отсутствует. Это характеризует второе решение как фиктивное.
3) По последней итерации примем $\rho_2 = 1.57300392$ а. е.
4) Теперь можно определить ρ_1 по формуле (4.2.5): $\rho_1 = 1.555754$ а. е. и ρ_3 по формуле (4.6.1): $\rho_3 = 1.669993$ а. е.
5) Используя уравнения (2.1.1), получим: $r_1 = 2.500000$ а. е., $r_2 = 2.000000$ а. е., $r_3 = 1.500000$ а. е.

Пример 4.10.2

1) Определим положение объекта по следующим начальным данным:
$t_1 = 0.0$, $\lambda_1 = 314.78845°$, $\beta_1 = 0.0°$, $X_1 = -0.258819$ а. е., $Y_1 = -0.965926$ а. е., $Z_1 = 0.0$;
$t_2 = 4.0343989$ сут, $\lambda_2 = 314.37295°$, $\beta_2 = 0.0°$, $X_2 = -0.325177$ а. е., $Y_2 = -0.945653$ а. е., $Z_2 = 0.0$;
$t_3 = 7.6149035$ сут, $\lambda_3 = 313.69755°$, $\beta_3 = 0.0°$, $X_3 = -0.382769$ а. е., $Y_3 = -0.923844$ а. е., $Z_3 = 0.0$.
$\tau_{21} = 0.069400$ и $\tau_{32} = 0.061592$.
2) Подставим данные в (4.10.1) и (4.10.2) при $i = 0$ и получим решения для параболической орбиты относительно ρ_2: {0.29069197 а. е., 1.42880268 а. е., 128.54675234 а. е.} и {0.30414747 а. е., 1.40916540 а. е.} соответственно. Параболические орбиты дают по два, хотя и не равные, но близкие решения, и непарное третье, по-видимому, фиктивное.
3) Далее перейдём к итеративному процессу по всем i:

Таблица 2. Приближения для гиперболического решения

Номер приближения	Первое решение для $\tilde{a} = -a$	Второе решение для $\tilde{a} = -a$	Третье решение для $\tilde{a} = -a$
1	0.52896259	0.88830828	-
2	0.86201370	1.30963219	–0.394833807
3	0.95712511	1.40784026	-
4	0.98613221	1.43232968	-
5	0.99543981	1.43864906	-
6	0.99849390	1.44290075	-
7	0.99950286	1.44071563	-
8	0.99983622	1.44082493	-
9	0.99994615	1.44085289	-
10	0.99998232	1.44086002	-
11	0.99999420	1.44086183	-
12	0.99999810	1.44086229	-
13	0.99999938	1.44086241	-
14	0.99999979	1.44086244	-
15	0.99999993	1.44086244	-
16	0.99999998	1.44086244	-
17	0.99999999	1.44086244	-
18	0.99999999	1.44086244	-

Из вышеприведённой таблицы видно наличие двух гиперболических решений и одного фиктивного эллиптического решения, появляющегося только на второй итерации.

3) По последней итерации примем $\rho_2 = 1.32295620$ а. е. для первого решения и $\rho_2 = 0.38419582$ а. е. для второго.

4) Для первого решения можно определить ρ_1 по формуле (4.2.5): $\rho_1 = 1.361009$ а. е. и ρ_3 по формуле (4.6.1): $\rho_3 = 1.277799$ а. е.

5) Для второго решения можно определить ρ_1 по формуле (4.2.5): $\rho_1 = 0.275291$ а. е. и ρ_3 по формуле (4.6.1): $\rho_3 = 0.484118$ а. е.

6) Для первого решения, используя уравнения (2.1.1), получим: $r_1 = 0.699999$ а. е., $r_2 = 0.599999$ а. е., $r_3 = 0.499999$ а. е.

7) Для второго решения, используя уравнения (2.1.1), получим: $r_1 = 0.773275$ а. е., $r_2 = 0.673403$ а. е., $r_3 = 0.575859$ а. е.

Пример 4.10.3

1) Определим положение объекта по начальным данным примера 4.4.1., добавив к нему ещё одно наблюдение:

$t_3 = 114.99092$ сут, $\lambda_3 = 39.47700^\circ$, $\beta_3 = 0.0^\circ$,

$X_3 = -0.9814737$, $Y_3 = -0.1915969$, $Z_3 = 0.0$.

$\tau_{32} = 0.861929$.

2) Подставим их в (4.10.1) и (4.10.2) при $i = 0$ и получим решения для параболической орбиты относительно ρ_2: {1.80854890 а. е. и 3.25345175 а. е.} и {3.25345175 а. е.} соответственно. Первое уравнение даёт два решения, а второе только одно. Причём решение второго уравнения хорошо совпадает со вторым решением первого уравнения. Таким образом, мы имеем одно решение для параболической орбиты.

3) Для $\rho_2 = 3.25345175$ а. е. получим из (4.2.5) и (4.6.1) значения $\rho_1 = 2.050474$ а. е. и $\rho_3 = 1.2715369$ а. е.

4) Используя уравнения (2.1.1), получим: $r_1 = 3.000000$ а. е., $r_2 = 2.000000$ а. е., $r_3 = 1.000000$ а. е.

§ 4.11. Первое приближение уравнения Ламберта

Рассмотрим уравнение Ламберта в первом приближении, для чего к прямолинейно-параболическому случаю надо прибавить члены с индексом $i = 1$. Для однозначности ограничимся случаем движения к центру притяжения без прохождения апоцентра. Тогда уравнения (4.10.1) и (4.10.2) примут вид:

$$\frac{\sqrt{2}}{3}\left((\rho_2^2-2(\mathbf{e}_2\mathbf{R}_2)\rho_2+R_2^2)^{3/4}-(\rho_1^2-2(\mathbf{e}_1\mathbf{R}_1)\rho_1+R_1^2)^{3/4}\right)+$$
$$+\frac{\sqrt{2}}{20a}\left((\rho_2^2-2(\mathbf{e}_2\mathbf{R}_2)\rho_2+R_2^2)^{5/4}-(\rho_1^2-2(\mathbf{e}_1\mathbf{R}_1)\rho_1+R_1^2)^{5/4}\right)=-\tau_{21}, \tag{4.11.1}$$

$$\frac{\sqrt{2}}{3}\left((\rho_3^2-2(\mathbf{e}_3\mathbf{R}_3)\rho_3+R_3^2)^{3/4}-(\rho_2^2-2(\mathbf{e}_2\mathbf{R}_2)\rho_2+R_2^2)^{3/4}\right)+$$
$$+\frac{\sqrt{2}}{20a}\left((\rho_3^2-2(\mathbf{e}_3\mathbf{R}_3)\rho_3+R_3^2)^{5/4}-(\rho_2^2-2(\mathbf{e}_2\mathbf{R}_2)\rho_2+R_2^2)^{5/4}\right)=-\tau_{32}. \tag{4.11.2}$$

В уравнениях (4.11.1) и (4.11.2) можно выразить a как функцию ρ_i ($i = 1, 2, 3$):

$$a=\frac{\frac{\sqrt{2}}{20}\left((\rho_2^2-2(\mathbf{e}_2\mathbf{R}_2)\rho_2+R_2^2)^{5/4}-(\rho_1^2-2(\mathbf{e}_1\mathbf{R}_1)\rho_1+R_1^2)^{5/4}\right)}{-\tau_{21}-\frac{\sqrt{2}}{3}\left((\rho_2^2-2(\mathbf{e}_2\mathbf{R}_2)\rho_2+R_2^2)^{3/4}-(\rho_1^2-2(\mathbf{e}_1\mathbf{R}_1)\rho_1+R_1^2)^{3/4}\right)}, \tag{4.11.3}$$

$$a=\frac{\frac{\sqrt{2}}{20}\left((\rho_3^2-2(\mathbf{e}_3\mathbf{R}_3)\rho_3+R_3^2)^{5/4}-(\rho_2^2-2(\mathbf{e}_2\mathbf{R}_2)\rho_2+R_2^2)^{5/4}\right)}{-\tau_{32}-\frac{\sqrt{2}}{3}\left((\rho_3^2-2(\mathbf{e}_3\mathbf{R}_3)\rho_3+R_3^2)^{3/4}-(\rho_2^2-2(\mathbf{e}_2\mathbf{R}_2)\rho_2+R_2^2)^{3/4}\right)}. \tag{4.11.4}$$

Приравняв (4.11.3) и (4.11.4), получим:

$$(\rho_1^2-2(\mathbf{e}_1\mathbf{R}_1)\rho_1+R_1^2)^{5/4}\left(\tau_{32}+\frac{\sqrt{2}}{3}\left(\sqrt{\rho_3^2-2(\mathbf{e}_3\mathbf{R}_3)\rho_3+R_3^2}-\sqrt{\rho_2^2-2(\mathbf{e}_2\mathbf{R}_2)\rho_2+R_2^2}\right)\right)-$$
$$-(\rho_2^2-2(\mathbf{e}_2\mathbf{R}_2)\rho_2+R_2^2)^{5/4}\left(\tau_{21}+\tau_{32}+\frac{\sqrt{2}}{3}\left(\sqrt{\rho_3^2-2(\mathbf{e}_3\mathbf{R}_3)\rho_3+R_3^2}-\sqrt{\rho_1^2-2(\mathbf{e}_1\mathbf{R}_1)\rho_1+R_1^2}\right)\right)+ \tag{4.11.5}$$
$$+(\rho_3^2-2(\mathbf{e}_3\mathbf{R}_3)\rho_3+R_3^2)^{5/4}\left(\tau_{21}+\frac{\sqrt{2}}{3}\left(\sqrt{\rho_2^2-2(\mathbf{e}_2\mathbf{R}_2)\rho_2+R_2^2}-\sqrt{\rho_1^2-2(\mathbf{e}_1\mathbf{R}_1)\rho_1+R_1^2}\right)\right)=0.$$

Теперь, если выразить ρ_1 через (4.2.5), а ρ_3 через (4.6.1), мы найдём уравнение относительно ρ_2. Для исследования числа корней уравнения первого приближения, при движении в сторону центра притяжения, удобнее оперировать не переменной ρ_2, а ρ_3, используя формулы, аналогичные (4.2.5) и (4.6.1). В этом случае уравнение (4.11.5) может иметь до 6 решений. На рис. 28a-g представлены распределения максимального числа возможных решений для 7 интервалов времени между наблюдениями ($\Delta t_{21} = \Delta t_{32}$), максимум определялся по решениям для 14 значений большой полуоси: –100; –50; –25; –10; –5; –2; –1; 1; 2; 5; 10; 25; 50 и 100 а.е.

Δt = 1 сут

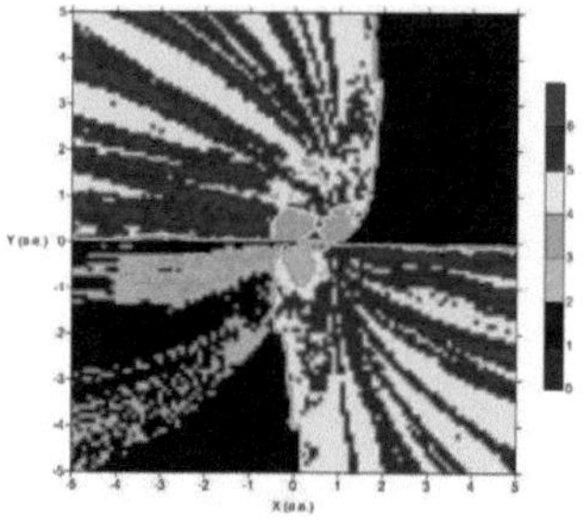

Рис. 28a

Δt = 2 сут

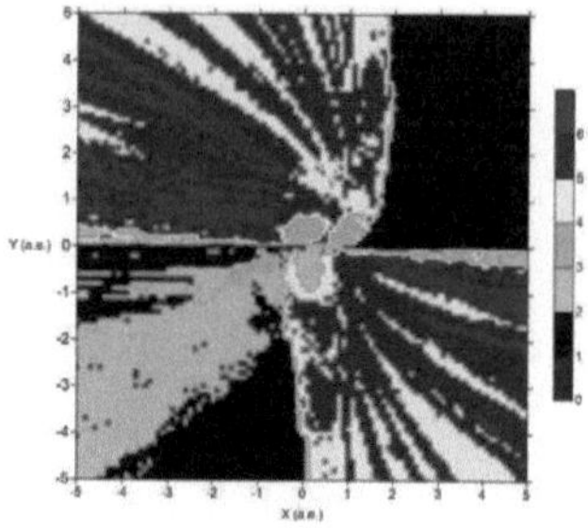

Рис. 28b

Δt = 5 сут

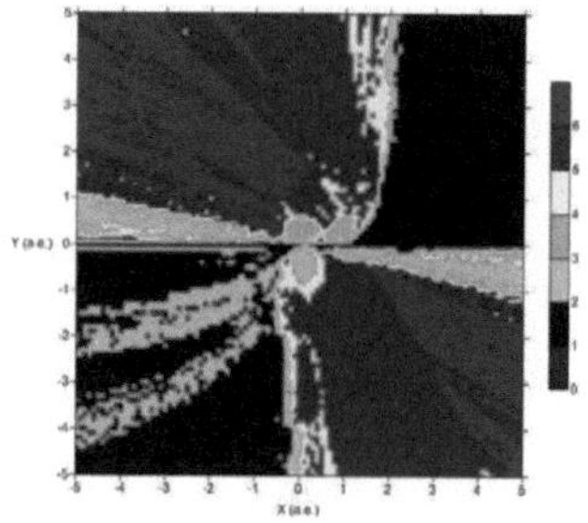

Рис. 28c

Δt = 10 сут

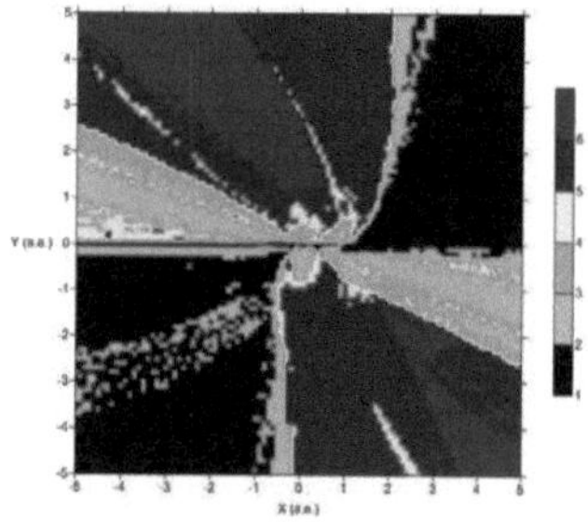

Рис. 28d

Δt = 25 сут

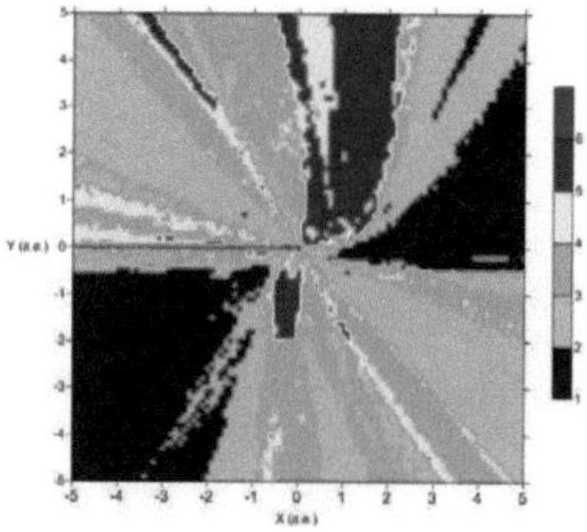

Рис. 28e

Δt = 50 сут

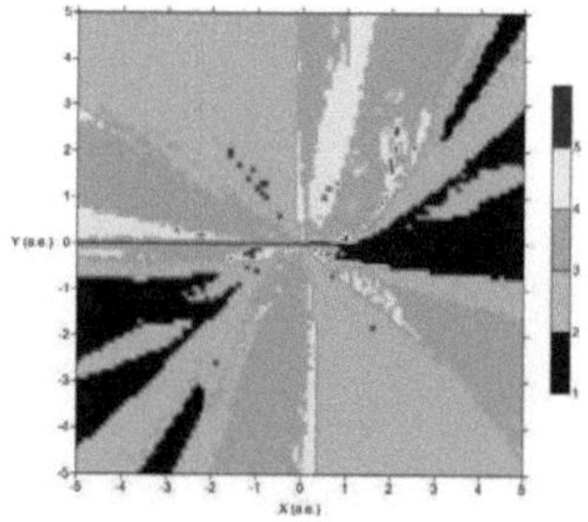

Рис. 28f

Δt = 100 сут

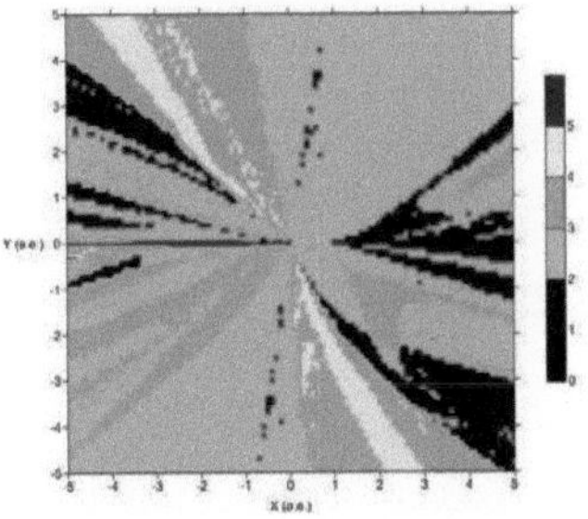

Рис. 28g

Глава 5. Движение в плоскости эклиптики – метод Лапласа

Метод Лапласа для прямолинейной орбиты (в общем случае) был представлен в § 3.1. Движение в плоскости эклиптики является частным случаем рассмотренных там уравнений.

§ 5.1. Уравнения для движения в плоскости эклиптики

Особенностью движения в плоскости эклиптики является то, что все 4 вектора начальных данных: $\mathbf{e}$, $\dot{\mathbf{e}}$, $\mathbf{R}$, $\dot{\mathbf{R}}$ лежат в одной плоскости. Отсюда векторное уравнение (3.1.2) становится скалярным, так как имеет только одну ненулевую компоненту – z. Поэтому для определения орбиты необходимо привлечь производные второго порядка. Для их применения рассмотрим классическую схему метода Лапласа.

Продифференцировав по времени (3.1.1), получим выражение для $\ddot{\mathbf{r}}$:

$$\ddot{\mathbf{r}} = \ddot{\mathbf{e}}\rho + 2\dot{\mathbf{e}}\dot{\rho} + \mathbf{e}\ddot{\rho} - \ddot{\mathbf{R}}. \tag{5.1.1}$$

Из (3.1.3) найдём выражение для $\dot{\rho}$:

$$\dot{\rho} = -\frac{(\mathbf{e}\times\dot{\mathbf{e}})_z\rho^2 + \left[(\dot{\mathbf{e}}\times\mathbf{R})_z - (\mathbf{e}\times\dot{\mathbf{R}})_z\right]\rho + (\mathbf{R}\times\dot{\mathbf{R}})_z}{(\mathbf{e}\times\mathbf{R})_z} \tag{5.1.2}$$

или

$$\dot{\rho} = A_7\rho^2 + B_7\rho + C_7, \tag{5.1.3}$$

где

$$A_7 = -\frac{(\mathbf{e}\times\dot{\mathbf{e}})_z}{(\mathbf{e}\times\mathbf{R})_z},\ B_7 = -\frac{\left[(\dot{\mathbf{e}}\times\mathbf{R})_z - (\mathbf{e}\times\dot{\mathbf{R}})_z\right]}{(\mathbf{e}\times\mathbf{R})_z},\ C_7 = -\frac{(\mathbf{R}\times\dot{\mathbf{R}})_z}{(\mathbf{e}\times\mathbf{R})_z}. \tag{5.1.4}$$

В качестве дополнительного условия рассмотрим (1.2.1) – движение в рамках ограниченной задачи двух тел:

$$\ddot{\mathbf{r}} = -\frac{k^2}{r^3}\mathbf{r}. \tag{5.1.5}$$

Аналогично, можно рассмотреть движение Земли:

$$\ddot{\mathbf{R}} = -\frac{k^2}{R^3}\mathbf{R}. \tag{5.1.6}$$

После подстановки (5.1.5) и (5.1.6) в (5.1.1) получим:

$$\ddot{\mathbf{e}}\rho + 2\dot{\mathbf{e}}\dot{\rho} + \mathbf{e}\ddot{\rho} = -k^2\left(\frac{\mathbf{e}\rho - \mathbf{R}}{r^3} + \frac{\mathbf{R}}{R^3}\right). \tag{5.1.7}$$

Возведём (2.0.1) в квадрат и подставим (5.1.7):

$$\ddot{\mathbf{e}}\rho+2\dot{\mathbf{e}}\dot{\rho}+\mathbf{e}\left[\ddot{\rho}+\frac{k^2\rho}{\left(\rho^2-2(\mathbf{eR})\rho+R^2\right)^{3/2}}\right]+\mathbf{R}k^2\left[\frac{1}{R^3}-\frac{1}{\left(\rho^2-2(\mathbf{eR})\rho+R^2\right)^{3/2}}\right]=0. \quad (5.1.8)$$

Векторное уравнение (5.1.8) в случае движения в плоскости эклиптики (XY) имеет только две компоненты:

$$\left.\begin{aligned}\ddot{e}_x\rho+2\dot{e}_x\dot{\rho}+e_x\left[\ddot{\rho}+\frac{k^2\rho}{\left(\rho^2-2(\mathbf{eR})\rho+R^2\right)^{3/2}}\right]+Xk^2\left[\frac{1}{R^3}-\frac{1}{\left(\rho^2-2(\mathbf{eR})\rho+R^2\right)^{3/2}}\right]=0,\\ \ddot{e}_y\rho+2\dot{e}_y\dot{\rho}+e_y\left[\ddot{\rho}+\frac{k^2\rho}{\left(\rho^2-2(\mathbf{eR})\rho+R^2\right)^{3/2}}\right]+Yk^2\left[\frac{1}{R^3}-\frac{1}{\left(\rho^2-2(\mathbf{eR})\rho+R^2\right)^{3/2}}\right]=0.\end{aligned}\right\} \quad (5.1.9)$$

Теперь перейдём от системы из двух уравнений относительно трёх переменных к одному уравнению относительно двух переменных. Для этого выразим $\ddot{\rho}$ через ρ и $\dot{\rho}$ в обоих уравнениях (5.1.9) и приравняем эти выражения. После несложных преобразований мы можем получить выражение для $\dot{\rho}$:

$$\dot{\rho}=\frac{(\ddot{e}_xe_y-\ddot{e}_ye_x)\rho+k^2(e_xY-e_yX)\left[\left(\rho^2-2(\mathbf{eR})\rho+R^2\right)^{-3/2}-R^{-3}\right]}{2(e_x\dot{e}_y-e_y\dot{e}_x)} \quad (5.1.10)$$

или

$$\dot{\rho}=A_8\rho+B_8\left(\rho^2-2(\mathbf{eR})\rho+R^2\right)^{-3/2}+C_8, \quad (5.1.11)$$

где

$$A_8=\frac{(\ddot{e}_xe_y-\ddot{e}_ye_x)}{2(e_x\dot{e}_y-e_y\dot{e}_x)}=\frac{(\ddot{\mathbf{e}}\times\mathbf{e})_z}{2(\mathbf{e}\times\dot{\mathbf{e}})_z},\ B_8=\frac{k^2(e_xY-e_yX)}{2(e_x\dot{e}_y-e_y\dot{e}_x)}=\frac{k^2(\mathbf{e}\times\mathbf{R})_z}{2(\mathbf{e}\times\dot{\mathbf{e}})_z},\ C_8=-\frac{B_8}{R^3}. \quad (5.1.12)$$

Если приравнять уравнения (5.1.3) и (5.1.10), то мы получим уравнение относительно только одной переменной ρ:

$$\left(A_9\rho^2+B_9\rho+C_9\right)\left(\rho^2-2(\mathbf{eR})\rho+R^2\right)^{3/2}-D_9=0, \quad (5.1.13)$$

где

$$A_9=A_7,\ B_9=B_7-A_8,\ C_9=C_7-C_8,\ D_9=B_8. \quad (5.1.14)$$

Для того чтобы избавиться в (5.1.13) от радикала, возведём уравнение в квадрат и после перемножения и приведения подобных членов при одинаковых степенях ρ получим:

$$A_{10}\rho^{10}+B_{10}\rho^9+C_{10}\rho^8+D_{10}\rho^7+E_{10}\rho^6+F_{10}\rho^5+G_{10}\rho^4+H_{10}\rho^3+I_{10}\rho^2+J_{10}\rho+L_{10}=0, \quad (5.1.15)$$

где

$$
\left.\begin{aligned}
&A_{10} = A_9^2,\\
&B_{10} = 2A_9B_9 - 6(\mathbf{eR})A_9^2,\\
&C_{10} = 2A_9C_9 + B_9^2 - 12(\mathbf{eR})A_9B_9 + 12(\mathbf{eR})^2A_9^2 + 3A_9^2R^2,\\
&D_{10} = 2B_9C_9 - 6(\mathbf{eR})(2A_9^2 + B_9^2 + 2A_9C_9) + 24(\mathbf{eR})^2A_9B_9 -\\
&\qquad - 8(\mathbf{eR})^3A_9^2 + 6A_9B_9R^2,\\
&E_{10} = C_9^2 - 12(\mathbf{eR})\left(2A_9R^2 + C_9\right)B_9 + 12(\mathbf{eR})^2\left(A_9^2R^2 + B_9^2 + 2A_9C_9\right) -\\
&\qquad - 16(\mathbf{eR})^3A_9B_9 + 3\left(2A_9C_9 + B_9^2\right)R^2 + 3A_9^2R^4,\\
&F_{10} = -6(\mathbf{eR})(2B_9^2 + 4A_9C_9 + A_9^2R^4 + C_9^2) + 24(\mathbf{eR})^2A_9B_9 -\\
&\qquad - 8(\mathbf{eR})^3\left(2A_9C_9 + B_9^2\right) + 2B_9C_9R^2 + 6A_9B_9R^4,\\
&G_{10} = -12(\mathbf{eR})(A_9B_9R^4 + 2B_9C_9R^2) + 12(\mathbf{eR})^2\left(2A_9C_9R^2 + B_9^2R^2 + C_9^2\right) -\\
&\qquad - 16(\mathbf{eR})^3B_9C_9 + 3C_9R^2 + 3(2A_9C_9 + B_9^2)R^4 + A_9^2R^6,\\
&H_{10} = -6(\mathbf{eR})(2C_9^2R^2 + 2A_9C_9R^4 + B_9^2R^4) + 24(\mathbf{eR})^2B_9C_9 -\\
&\qquad - 8(\mathbf{eR})^3C_9^2 + 6B_9C_9R^4 + 2A_9B_9R^6,\\
&I_{10} = -12(\mathbf{eR})B_9C_9R^4 + 12(\mathbf{eR})^2C_9^2R^2 + 3C_9^2R^4 + \left(2A_9C_9 + B_9^2\right)R^6,\\
&J_{10} = -6(\mathbf{eR})C_9^2R^4 + 2B_9C_9R^6,\\
&L_{10} = C_9^2R^6 - D_9^2.
\end{aligned}\right\} \qquad (5.1.16)
$$

Уравнений (3.0.1) для вычисления производных первого порядка здесь будет недостаточно, и поэтому необходимо привлечь выражения для производных второго порядка, что потребует использование третьего наблюдения в момент t_3:

$$
\left.\begin{aligned}
&\dot{\mathbf{e}} = \frac{\mathbf{e}_3(t_2 - t_1)^2 + \mathbf{e}_2\left((t_3 - t_2)^2 - (t_2 - t_1)^2\right) - \mathbf{e}_1(t_3 - t_2)^2}{(t_2 - t_1)(t_3 - t_2)(t_3 - t_1)},\\
&\ddot{\mathbf{e}} = \frac{2\left(\mathbf{e}_3(t_2 - t_1) - \mathbf{e}_2(t_3 - t_1) + \mathbf{e}_1(t_3 - t_2)\right)}{(t_2 - t_1)(t_3 - t_2)(t_3 - t_1)},\\
&\dot{\mathbf{R}} = \frac{\mathbf{R}_3(t_2 - t_1)^2 + \mathbf{R}_2\left((t_3 - t_2)^2 - (t_2 - t_1)^2\right) - \mathbf{R}_1(t_3 - t_2)^2}{(t_2 - t_1)(t_3 - t_2)(t_3 - t_1)},\\
&\ddot{\mathbf{R}} = \frac{2\left(\mathbf{R}_3(t_2 - t_1) - \mathbf{R}_2(t_3 - t_1) + \mathbf{R}_1(t_3 - t_2)\right)}{(t_2 - t_1)(t_3 - t_2)(t_3 - t_1)}.
\end{aligned}\right\} \qquad (5.1.17)
$$

Всё вышесказанное о методе Лапласа соответствует случаю, когда $\dot{\rho}$ определено через (5.1.3) и (5.1.10), т. е. когда $(\mathbf{e}\times\mathbf{R})_z \neq 0$ и $(\mathbf{e}\times\dot{\mathbf{e}})_z \neq 0$. Это справедливо, если искомая орбита не лежит на прямой, проходящей через точку положения наблюдателя, иначе говоря, если векторы **e** и **R** не лежат на одной прямой, а также вектор изменения координат объекта не находится на луче зрения наблюдателя и $|\dot{\mathbf{e}}| \neq 0$.

В коллинеарном случае $(\mathbf{e}\times\mathbf{R})_z = 0$ и третье уравнение (3.1.3) может быть записано как:

$$(\mathbf{e}\times\dot{\mathbf{e}})_z\rho^2 + \left[(\dot{\mathbf{e}}\times\mathbf{R})_z - (\mathbf{e}\times\dot{\mathbf{R}})_z\right]\rho + (\mathbf{R}\times\dot{\mathbf{R}})_z = 0. \qquad (5.1.18)$$

Здесь очевидно, что число корней не может превосходить двух. Если имеет место случай $(\mathbf{e}\times\dot{\mathbf{e}})_z = 0$, то метод Лапласа использован быть не может.

Теперь исследуем уравнение (5.1.13) на предмет возможного числа положительных решений. Для этого воспользуемся методикой, предложенной в § 4.4, с той разницей, что поскольку мы исследуем метод Лапласа, то и интервалы времени между наблюдениями следует взять небольшими. Мы рассмотрим равные интервалы $t_2 - t_1 = t_3 - t_2 = 0.0001$ сут. Для каждого значения большой полуоси a в интервале [–10…10] определим число решений для всех точек на плоскости XY. Затем, для каждой точки определим максимальное число корней. Результат представлен на рис. 29:

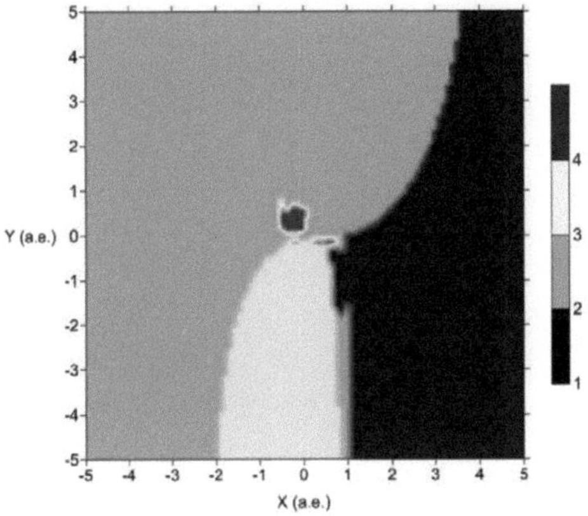

Рис. 29

Максимальное число корней не превышает четырёх, причём это возможно только в правой части околосолнечной области, т. е. при малых углах элонгации. Область трёх решений более обширна и находится слева от Солнца. Наиболее обширна область с двумя решениями, она занимает всё пространство за околосолнечной областью, и при этом справа заходит за орбиту Земли. Область единственных решений занимает всю оставшуюся часть пространства, включая оппозицию.

Пример 5.1.1

1) Определим положение объекта по следующим начальным данным:

$t_1 = 0.0$, $\lambda_1 = 82.749°$, $\beta_1 = 0.0°$, $\xi_1 = -0.126218$, $\eta_1 = 0.992003$, $\zeta_1 = 0.0$,
$X_1 = -0.258819$ а. е., $Y_1 = -0.965926$ а. е., $Z_1 = 0.0$,

$t_2 = 0.009006$ сут, $\lambda_2 = 82.745°$, $\beta_2 = 0.0°$, $\xi_2 = -0.126293$, $\eta_2 = 0.991993$, $\zeta_2 = 0.0$,
$X_2 = -0.258969$ а. е., $Y_2 = -0.965886$ а. е., $Z_2 = 0.0$,

$t_3 = 0.018011$ сут, $\lambda_3 = 82.740°$, $\beta_3 = 0.0°$, $\xi_3 = -0.126369$, $\eta_3 = 0.991983$, $\zeta_3 = 0.0$,
$X_3 = -0.259118$ а. е., $Y_3 = -0.965846$ а. е., $Z_3 = 0.0$.

2) Подставим данные в формулы (5.1.17): $\dot{\mathbf{e}} = \{-0.008380, -0.001067, 0.0\}$;
$\dot{\mathbf{R}} = \{-0.016616, 0.004454, 0.0\}$
$\ddot{\mathbf{e}} = \{-0.000004, -0.000071, 0.0\}$;
$\ddot{\mathbf{R}} = \{0.000029, 0.000299, 0.0\}$.

3) Вычислим величины (3.1.5): $(\mathbf{e} \times \dot{\mathbf{e}})_z = 0.008448$, $(\mathbf{e} \times \mathbf{R})_z = -0.925445$, $(\mathbf{e} \times \dot{\mathbf{R}})_z = 0.007818$, $(\dot{\mathbf{e}} \times \mathbf{R})_z = 0.015920$, $(\mathbf{R} \times \dot{\mathbf{R}})_z = 0.017203$.

4) Вычислим для (5.1.12): $(\ddot{\mathbf{e}}\times\mathbf{e})_z = 0.000016$.

5) Подставим данные в формулы (5.1.4): $A_7 = -0.022297$, $B_7 = 0.021386$, $C_7 = 0.045405$.

6) Подставим данные в формулы (5.1.12): $A_8 = 0.000923$, $B_8 = 0.006636$, $C_8 = -0.006636$.

7) Теперь можно вычислить (5.1.14): $A_9 = -0.022297$, $B_9 = 0.020461$, $C_9 = 0.052040$, $D_9 = 0.006636$.

8) Решая (5.1.13) относительно ρ_2, получим: $\rho_2 = 2.050524$ а. е. (рис. 30):

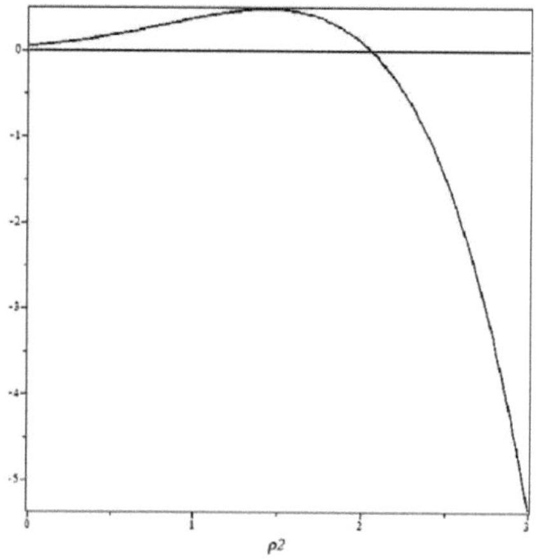

Рис. 30

9) Теперь можно определить $\dot{\rho}$ по формуле (5.1.3): $\dot{\rho} = -0.004497$ а. е./сут.

10) Теперь необходимо определить тип орбиты:
по $\rho_2 = 2.050524$ и $\dot{\rho} = -0.004497$ находим $\mathbf{r_2} = \{0.109359, 2.999991, 0.0\}$, $r_2 = 2.999991$ а. е.,

$\dot{\mathbf{r}}_2 = \{-0.404750\ 10^{-8}, -0.011103, 0.0\}$, $\dot{r}_2 = 0.011103$ а. е./сут.

11) Затем определяем a по (3.2.1): $a = 3.999235$ а. е. — эллиптическое движение.

Пример 5.1.2

1) Определим положение объекта по следующим начальным данным:

$t_1 = 0.0$, $\lambda_1 = 82.749°$, $\beta_1 = 0.0°$, $\xi_1 = -0.126218$, $\eta_1 = 0.992003$, $\zeta_1 = 0.0$,
$X_1 = -0.258819$ а. е., $Y_1 = -0.965926$ а. е., $Z_1 = 0.0$,

$t_2 = 0.007120$ сут, $\lambda_2 = 82.745°$, $\beta_2 = 0.0°$, $\xi_2 = -0.126279$, $\eta_2 = 0.991995$, $\zeta_2 = 0.0$,
$X_2 = -0.258937$ а. е., $Y_2 = -0.965894$ а. е., $Z_2 = 0.0$,

$t_3 = 0.014239$ сут, $\lambda_3 = 82.742°$, $\beta_3 = 0.0°$, $\xi_3 = -0.126340$, $\eta_3 = 0.991987$, $\zeta_3 = 0.0$,
$X_3 = -0.259056$, $Y_3 = -0.965863$, $Z_3 = 0.0$.

2) Подставим данные в формулы (3.0.1): $\dot{\mathbf{e}} = \{-0.008560, -0.001089, 0.0\}$;
$\dot{\mathbf{R}} = \{-0.016616, 0.004453, 0.0\}$
$\ddot{\mathbf{e}} = \{-0.285058, -0.000075, 0.0\}$;
$\ddot{\mathbf{R}} = \{0.000077, 0.000286, 0.0\}$.

3) Вычислим величины (3.1.5): $(\mathbf{e} \times \dot{\mathbf{e}})_z = 0.008629$, $(\mathbf{e} \times \mathbf{R})_z = 0.378836$, $(\mathbf{e} \times \dot{\mathbf{R}})_z = 0.015921$, $(\dot{\mathbf{e}} \times \mathbf{R})_z = 0.007986$, $(\mathbf{R} \times \dot{\mathbf{R}})_z = 0.017203$.

4) Вычислим для (5.1.12): $(\ddot{\mathbf{e}} \times \mathbf{e})_z = -0.976629$.

5) Подставим данные в формулы (5.1.4): $A_7 = -0.022778$, $B_7 = 0.020945$, $C_7 = 0.045410$.

6) Подставим полученные данные в (5.1.12): $A_8 = -0.000566$, $B_8 = 0.006496$, $C_8 = -0.006496$.
7) Теперь можно вычислить (5.1.14): $A_9 = 0.001038$, $B_9 = 0.000968$, $C_9 = -0.003135$, $D_9 = -0.005413$.
8) Решая (5.1.13) относительно ρ_2, получим: $\rho_2 = 2.050513$ а. е. (рис. 31).
9) Теперь можно определить $\dot{\rho}$ по формуле (5.1.3): $\dot{\rho} = -0.007415$ а. е./сут.
10) Теперь необходимо определить тип орбиты:
по $\rho_2 = 2.050513$ а. е. и $\dot{\rho} = -0.007415$ а. е./сут находим $\mathbf{r_2} = \{0.105762\ 10^{-5}, 2.999992, 0.0\}$,
$r_2 = 2.999992$ а. е., $\dot{\mathbf{r}}_2 = \{-0.495140\ 10^{-8}, -0.014045, 0.0\}$, $\dot{r}_2 = 0.014045$ а. е./сут.
11) Затем определяем a по (3.2.1): $a = 16685.9$ а. е. — прямолинейно-эллиптическое движение с очень большим эксцентриситетом (на деле — прямолинейно-параболическое).

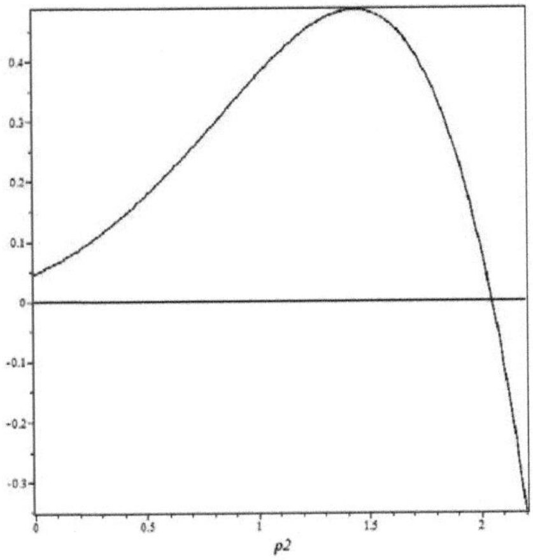

Рис. 31

Пример 5.1.3

1) Определим положение объекта по следующим начальным данным:

$t_1 = 0.0$, $\lambda_1 = 82.749°$, $\beta_1 = 0.0°$, $\xi_1 = -0.126218$, $\eta_1 = 0.992003$, $\zeta_1 = 0.0$,
$X_1 = -0.258819$ а. е., $Y_1 = -0.965926$ а. е., $Z_1 = 0.0$,
$t_2 = 0.006072$ сут, $\lambda_2 = 82.746°$, $\beta_2 = 0.0°$, $\xi_2 = -0.126271$, $\eta_2 = 0.991996$, $\zeta_2 = 0.0$,
$X_2 = -0.258920$ а. е., $Y_2 = -0.965899$ а. е., $Z_2 = 0.0$,
$t_3 = 0.012143$ сут, $\lambda_3 = 82.743°$, $\beta_3 = 0.0°$, $\xi_3 = -0.126324$, $\eta_3 = 0.991989$, $\zeta_3 = 0.0$,
$X_3 = -0.259021$ а. е., $Y_3 = -0.965872$ а. е., $Z_3 = 0.0$.

2) Подставим данные в формулы (3.0.1): $\dot{\mathbf{e}} = \{-0.008708, -0.001108, 0.0\}$;
$\dot{\mathbf{R}} = \{-0.016616, 0.004453, 0.0\}$
$\ddot{\mathbf{e}} = \{-0.000126, -0.000062, 0.0\}$;
$\ddot{\mathbf{R}} = \{0.000391, 0.000202, 0.0\}$.

3) Вычислим величины (3.1.5): $(\mathbf{e} \times \dot{\mathbf{e}})_z = 0.008778$, $(\mathbf{e} \times \mathbf{R})_z = 0.378812$, $(\mathbf{e} \times \dot{\mathbf{R}})_z = 0.015921$, $(\dot{\mathbf{e}} \times \mathbf{R})_z = 0.008124$, $(\mathbf{R} \times \dot{\mathbf{R}})_z = 0.017203$.
4) Вычислим для (5.1.12): $(\ddot{\mathbf{e}} \times \mathbf{e})_z = -0.000031$.
5) Подставим данные в формулы (5.1.4): $A_7 = -0.023173$, $B_7 = 0.020582$, $C_7 = 0.045413$.
6) Подставим полученные данные в (5.1.12): $A_8 = -0.001791$, $B_8 = 0.006385$, $C_8 = -0.006385$.
7) Теперь можно вычислить (5.1.14): $A_9 = 0.023174$, $B_9 = 0.022373$, $C_9 = 0.05797$, $D_9 = 0.006385$.
8) Решая (5.1.13) относительно ρ_2, получим: $\rho_2 = 2.050506$ а. е.
9) Теперь можно определить $\dot{\rho}$ по формулу (5.1.3): $\dot{\rho} = -0.009821$.
10) Теперь необходимо определить тип орбиты:
по $\rho_2 = 2.050506$ и $\dot{\rho} = -0.009821$ находим $\mathbf{r_2} = \{0.102996\ 10^{-5}, 2.999992, 0.0\}$, $r_2 = 2.999992$,
$\dot{\mathbf{r}}_2 = \{-0.565418\ 10^{-8}, -0.016469, 0.0\}$, $\dot{r}_2 = 0.016469$.
11) Затем определяем a по (3.2.1): $a = -4.001119$ — прямолинейно-гиперболическое движение.

§ 5.2. Уравнение для прямолинейной параболической орбиты в плоскости эклиптики

Для параболического случая при движении в плоскости эклиптики справедливы все соображения, высказанные для общего случая в § 5.1. Однако для прямолинейно-параболического движения мы имеем однозначную зависимость скорости от положения тела на орбите

$$\dot{r}^2 = \frac{2k^2}{r}. \tag{5.2.1}$$

Скалярное уравнение (5.2.1) совместно с (5.1.3) позволяет определить прямолинейную параболическую орбиту относительно $\dot{\rho}$ и ρ. Для этого возведём в квадрат (3.1.1):

$$\dot{r}^2 = \dot{e}^2\rho^2 + \dot{\rho}^2 - 2(\dot{\mathbf{e}}\dot{\mathbf{R}})\rho - 2(\mathbf{e}\dot{\mathbf{R}})\dot{\rho} + \dot{R}^2. \tag{5.2.2}$$

Затем представим r в виде $\sqrt{r^2}$:

$$r = \sqrt{\rho^2 - 2(\mathbf{eR})\rho + R^2}. \tag{5.2.3}$$

Теперь подставим (5.1.3) в (5.2.2)

$$\begin{aligned}\dot{r}^2 &= \dot{e}^2\rho^2 + (A_8^2\rho^4 + 2A_8B_8\rho^3 + (B_8^2 + 2A_8C_8)\rho^2 + 2B_8C_8\rho + C_8^2) + \\ &+ \left[2(\mathbf{e}\dot{\mathbf{e}})\rho - 2(\mathbf{e}\dot{\mathbf{R}})\right](A_8\rho^2 + B_8\rho + C_8) - 2(\dot{\mathbf{e}}\dot{\mathbf{R}})\rho + \dot{R}^2.\end{aligned} \tag{5.2.4}$$

После подстановки (5.2.4) и (5.2.3) в (5.2.1) получим

$$(A_{11}\rho^4 + B_{11}\rho^3 + C_{11}\rho^2 + D_{11}\rho + E_{11})\sqrt{\rho^2 - 2(\mathbf{eR})\rho + R^2} = 2k^2, \tag{5.2.5}$$

где

$$\left.\begin{aligned} A_{11} &= A_7^2, \\ B_{11} &= 2A_7B_7, \\ C_{11} &= \dot{e}^2 + B_7^2 - 2(\mathbf{e}\dot{\mathbf{R}})A_7 + 2A_7C_7, \\ D_{11} &= 2B_7C_7 - 2(\mathbf{e}\dot{\mathbf{R}})B_7 - 2(\dot{\mathbf{e}}\dot{\mathbf{R}}), \\ E_{11} &= C_7^2 - 2(\mathbf{e}\dot{\mathbf{R}})C_7 + \dot{R}^2. \end{aligned}\right\} \tag{5.2.6}$$

Для того чтобы избавиться в (5.2.5) от радикала, возведём уравнение в квадрат и после перемножения и приведения подобных членов при степенях ρ получим:

$$A_{12}\rho^{10} + B_{12}\rho^9 + C_{12}\rho^8 + D_{12}\rho^7 + E_{12}\rho^6 + F_{12}\rho^5 + G_{12}\rho^4 + H_{12}\rho^3 + I_{12}\rho^2 + J_{12}\rho + L_{12} = 0, \tag{5.2.7}$$

где

$$
\left.
\begin{aligned}
&A_{12} = A_{11}^2,\\
&B_{12} = 2A_{11}B_{11} - 2(\mathbf{eR})A_{11}^2,\\
&C_{12} = 2A_{11}C_{11} + B_{11}^2 - 4(\mathbf{eR})A_{11}B_{11} + A_{11}^2R^2,\\
&D_{12} = 2(A_{11}D_{11} + B_{11}C_{11}) - 2(\mathbf{eR})(2A_{11}C_{11} + B_{11}^2) + 2A_{11}B_{11}R^2,\\
&E_{12} = 2(A_{11}E_{11} + B_{11}D_{11}) + C_{11}^2 - 4(\mathbf{eR})(A_{11}D_{11} + B_{11}C_{11}) + (2A_{11}C_{11} + B_{11}^2)R^2,\\
&F_{12} = 2(B_{11}E_{11} + C_{11}D_{11}) - 2(\mathbf{eR})(2A_{11}E_{11} + 2B_{11}D_{11} + C_{11}^2) + 2(A_{11}D_{11} + B_{11}C_{11})R^2,\\
&G_{12} = 2C_{11}E_{11} + D_{11}^2 - 4(\mathbf{eR})(B_{11}E_{11} + C_{11}D_{11}) + (2A_{11}E_{11} + 2B_{11}D_{11} + C_{11}^2)R^2,\\
&H_{12} = 2D_{11}E_{11} - 2(\mathbf{eR})(2C_{11}E_{11} + D_{11}^2) + 2(B_{11}E_{11} + C_{11}D_{11})R^2,\\
&I_{12} = E_{11}^2 - 4(\mathbf{eR})D_{11}E_{11} + (2C_{11}E_{11} + D_{11}^2)R^2,\\
&J_{12} = -2(\mathbf{eR})E_{11}^2 + 2D_{11}E_{11}R^2,\\
&L_{12} = E_{11}^2R^2 - 4k^4.
\end{aligned}
\right\}
\quad (5.2.8)
$$

Для исследования числа положительных решений уравнения (5.2.5) обратимся к ранее использованной методике (см. § 5.1). Разница для параболической орбиты заключается в том, что в (5.2.5) входят производные не выше первого порядка. Поэтому для его решения можно воспользоваться не тремя наблюдениями, а двумя. Результаты численного исследования представлены на рис. 32. Области решений ограничиваются тремя прямыми линиями и двумя кривыми. Главной прямой, как и ранее, будет ось X, квадратное уравнение (5.1.18) даёт единственное решение в оппозиции и двойственное в направлении на Солнце. Две прямые, проходящие через положение наблюдателя, образуют четыре сектора. Области решений в них распределяются следующим образом. Первый сектор, в направлении от Солнца, целиком представляет собой область двойных решений. Второй сектор, в направлении на Солнце, в дальней от наблюдателя части представляет собой область четырёх решений, ближняя же к наблюдателю часть сектора, ограниченная кривыми линиями, представляет собой в основном области двойных решений, с вкраплением малых областей четырёх решений. Т. е. за исключением оси X, в этих секторах представлены области с чётным числом решений. Секторы, располагающиеся вдоль оси Y, делятся на три области. В центре — ограничиваемая кривыми область единственных решений, по бокам её располагаются области с тремя решениями. Таким образом, здесь представлены области лишь с нечётным числом решений.

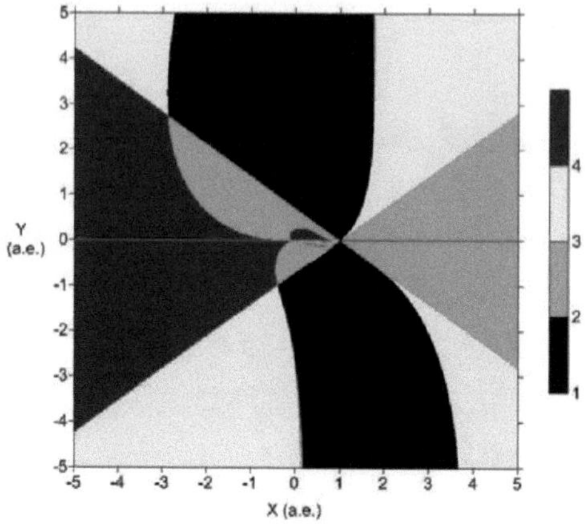

Рис. 32

Пример 5.2.1

1) Имеем следующие данные наблюдений объекта в плоскости эклиптики (Пример 4.1.1):

$t_1 = 0.0$, $\lambda_1 = 82.749°$, $\beta_1 = 0.0°$, $\xi_1 = -0.126218$, $\eta_1 = 0.992003$, $\zeta_1 = 0.0$,
$X_1 = -0.258819$ а. е., $Y_1 = -0.965926$ а. е., $Z_1 = 0.0$

$t_2 = 0.007120$ сут, $\lambda_2 = 82.745°$, $\beta_2 = 0.0°$, $\xi_2 = -0.126279$, $\eta_2 = 0.991995$, $\zeta_2 = 0.0$,
$X_2 = -0.258937$ а. е., $Y_2 = -0.965894$ а. е., $Z_2 = 0.0$.

2) Подставим данные в первые две формулы (3.0.1): $\dot{\mathbf{e}} = \{-0.008560, -0.001089, 0.0\}$;
$\dot{\mathbf{R}} = \{-0.016617, 0.004453, 0.0\}$

3) Вычислим величины (3.1.5): $(\mathbf{e} \times \dot{\mathbf{e}}) = \{0.0, 0.0, 0.008629\}$, $(\mathbf{e} \times \mathbf{R}) = \{0.0, 0.0, 0.378836\}$, $(\mathbf{e} \times \dot{\mathbf{R}}) = \{0.0, 0.0, 0.015921\}$, $(\dot{\mathbf{e}} \times \mathbf{R}) = \{0.0, 0.0, 0.007986\}$.

4) Подставим данные в формулы (5.1.11): $A_8 = -0.022778$, $B_8 = 0.020946$, $C_8 = 0.045410$.

5) Теперь вычислим (5.2.6): $A_{11} = 0.000519$, $B_{11} = -0.000954$, $C_{11} = -0.001259$, $D_{11} = 0.001355$, $E_{11} = 0.001766$ и подставим в (5.2.1).

6) Решая (5.2.1) относительно ρ_2, получим 2 решения: $\rho_{2(1)} = 1.580300$ а. е. и $\rho_{2(2)} = 2.050568$ а. е. (рис. 33).

7) Теперь можно определить $\dot{\rho}$ по формуле (5.1.10): $\dot{\rho}_{(1)} = 0.021626$ а. е., $\dot{\rho}_{(2)} = -0.007417$ а. е.

8) Теперь необходимо определить тип орбиты:

по $\rho_{2(1)} = 1.580300$ а. е. и $\dot{\rho}_{(1)} = 0.021626$ находим $\mathbf{r}_{(1)} = \{0.059379, 2.533544, 0.0\}$, $r_{(1)} = 2.534239$ а. е.,
$\dot{\mathbf{r}}_{(1)} = \{0.000358, 0.015278, 0.0\}$, $\dot{r}_{(1)} = 0.015282$;

по $\rho_{2(2)} = 2.050568$ а. е. и $\dot{\rho}_{(2)} = -0.007417$ находим $\mathbf{r}_{(2)} = \{-0.000006, 3.000047, 0.0\}$,
$r_{(2)} = 3.000047$ а. е.,
$\dot{\mathbf{r}}_{(2)} = \{0.000001, -0.014045, 0.0\}$, $\dot{r}_{(2)} = 0.014045$.

9) Затем определяем a по (3.2.1): $1/a_{(1)} = -0.36\ 10^{-14}$ — прямолинейно-параболическое движение и $1/a_{(2)} = -0.74\ 10^{-14}$ — прямолинейно-параболическое движение.

10) В данном примере у нас есть два равноправных решения, и для того, чтобы выбрать одно из них, необходимо привлечь дополнительные наблюдения.

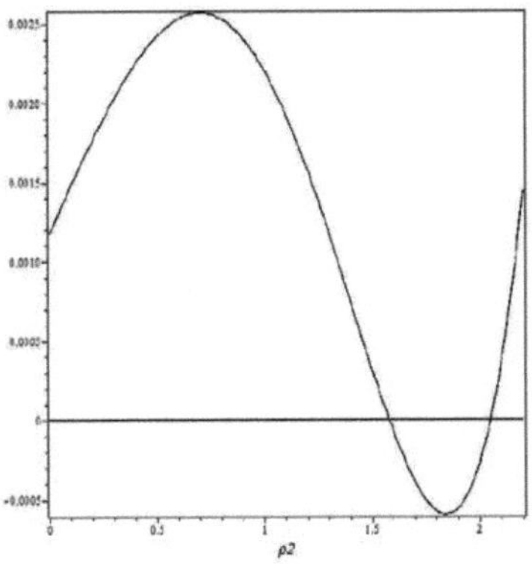

Рис. 33

§ 5.3. Уравнение для граничной прямолинейно-эллиптической траектории

В качестве частного случая метода Лапласа в плоскости эклиптики можно рассмотреть прямолинейную эллиптическую траекторию, на которой объект наблюдается в точке афелия. Здесь значение квадрата гелиоцентрической скорости (5.2.2) будет равно нулю:

$$\dot{r}^2 = \dot{e}^2\rho^2 + \dot{\rho}^2 + 2(\mathbf{e}\dot{\mathbf{e}})\rho\dot{\rho} - 2(\dot{\mathbf{e}}\dot{\mathbf{R}})\rho - 2(\mathbf{e}\dot{\mathbf{R}})\dot{\rho} + \dot{R}^2 = 0. \quad (5.3.1)$$

Подставив в (5.3.1) выражение для $\dot{\rho}$ из (5.1.3), получим:

$$A_{13}\rho^4 + B_{13}\rho^3 + C_{13}\rho^2 + D_{13}\rho + E_{13} = 0. \quad (5.3.2)$$

Таким образом, максимальное число решений для ρ не может превышать четырёх. Так как уравнение (5.3.2) представляет значение скорости объекта, то функция $f(\rho)$ обращается в ноль только в точках минимума, т. е. справедливо дополнительное выражение для производной $f'(\rho) = 0$:

$$4A_{13}\rho^3 + 3B_{13}\rho^2 + 2C_{13}\rho + D_{13} = 0. \quad (5.3.3)$$

Система уравнений (5.3.2) и (5.3.3) на всей плоскости *XY* имеет только одно положительное решение. Единственной областью двойных решений будет луч, принадлежащий оси *X* и направленный в сторону Солнца (направление от Солнца будет иметь одно решение).

Заключение

В заключении о методах определения прямолинейных предварительных орбит следует отметить следующее:

1) Для определения прямолинейной орбиты, не лежащей в плоскости эклиптики, достаточно двух наблюдений. Независимо от интервала времени между ними мы получаем единственное решение как динамико-геометрическим методом, так и методом Лапласа.

2) Для определения прямолинейной параболической орбиты, находящейся в плоскости эклиптики, требуется не менее двух наблюдений. Как в динамическом методе, так и в методе Лапласа при решении алгебраического уравнения возможно появление до четырёх решений.

3) Для определения прямолинейной орбиты общего вида, находящейся в плоскости эклиптики, требуется не менее трёх наблюдений. Наилучшим подходом для динамического метода, по-видимому, является итерационное решение системы из двух уравнений Ламберта. Процесс начинается с параболического приближения, затем на каждой итерации следует добавлять по одному члену ряда. Число решений на некоторых итерациях может доходить до 6. При использовании метода Лапласа требуется решить алгебраическое уравнение. В этом случае возможно появление до четырёх решений.

Рост числа наблюдений произведённых с космических аппаратов и открытие комет падающих на Солнце по близко к прямолинейным орбитам, позволяют предположить, что вопросы, рассмотренные в данной книге в ближайшее время не утратят актуальности.

Литература

1. *Кузнецов В. Б.* Определение прямолинейной орбиты // Труды ИПА РАН. 2004, Вып. 11.
2. *Кузнецов В. Б.* Определение прямолинейной орбиты для тела, движущегося в плоскости эклиптики // Тезисы докладов всероссийской астрономической конференции “Многоликая Вселенная” (ВАК-2013). Санкт-Петербург, 23–27 сентября 2013 г. С. 160-161.
3. *Heidarzadeh T.* A History of Physical Theories of Comets, From Aristotle to Whipple, 2008, Springer.
4. *Ньютон И.* Математические начала натуральной философии. М.: Наука, 1989.
5. *Lambert J. H.* Insigniores orbitae cometarum proprietates, 1761.
6. *Lehmann W.* Aus einem Shreiben des Herrn Dr. W.Lehmann an den Herausgeber, Astron. Nachr. 1855. Vol. 39, issue 39. P. 257–260.
7. *Shiller K.* Die Versammlung der Astronomischen Geselschaft in Bern 1935 Juli 23 bis 27, Astron. Nachr. 1935. Vol. 257. P. 53–60.
8. *Sundman K. F.* Über die Bestimmung geradlinger Bahnen. Vierteljahresschrift der Astronomischen Gesellschaft, 70. Jahrang. 4. Heft, 1935. Leipzig. P. 318–323.
9. *Bucerius H.* Bahnbestimmung als Randwertproblem. III. Astron. Nachr. Vol. 208. P. 73–82. 1951.
10. *Stumpff K.* Himmelsmechanik. Band 1, 1959, Berlin.
11. *Эльясберг П. Е.* Введение в теорию полёта искусственных спутников Земли. М.: Наука, 1965.
12. *Субботин М. Ф.* Введение в теоретическую астрономию. М.: Наука, 1968.
13. *Дубошин Г. Н.* Небесная механика. Основные задачи и методы. Издание третье. М.: Наука, 1975.
14. *Охоцимский Д. Е., Сихарулидзе Ю. Г.* Основы механики космического полёта. М.: Наука, 1990.
15. *Суханов А. А.* Астродинамика. М.: ИКИ РАН, 2010.
16. *Шефер В. А.* Новый метод определения орбиты по двум векторам положения, основанный на решении уравнения Гаусса // Астрономический вестник, 2010, том 44, № 3, С. 273-288.
17. *Аксёнов Е. П.* Специальные функции в небесной механике. М.: Наука, 1986.

Оглавление

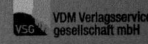

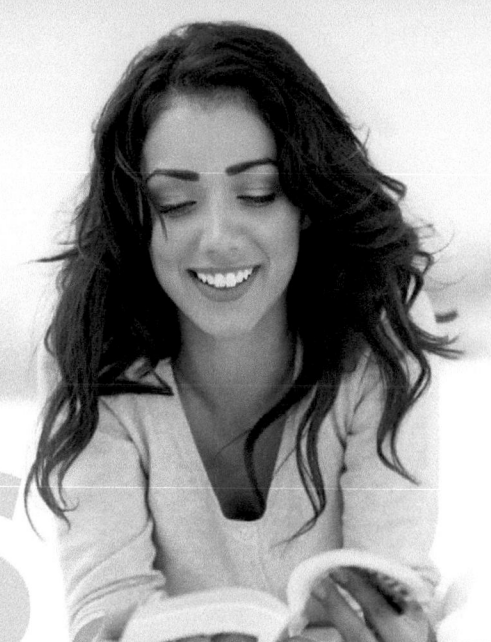

MIX
Papier aus verantwortungsvollen Quellen
Paper from responsible sources
FSC® C105338

FSC
www.fsc.org

Printed by Books on Demand GmbH, Norderstedt / Germany